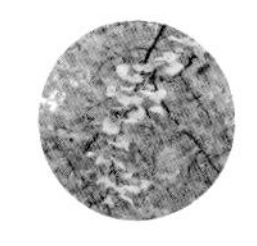

百木汇成林　树王聚金陵

金陵树王

（上册）

主　编◎沈永宝

副主编◎史锋厚　汪欣元　孙立峰

中国林业出版社
CFPH China Forestry Publishing House

图书在版编目（CIP）数据

金陵树王．上册 / 沈永宝主编；史锋厚，汪欣元，孙立峰副主编．-- 北京：中国林业出版社，2022.7
ISBN 978-7-5219-1724-6

Ⅰ．①金… Ⅱ．①沈… ②史… ③汪… ④孙… Ⅲ．①林木－种质资源－南京 Ⅳ．①S722

中国版本图书馆 CIP 数据核字 (2022) 第 095583 号

责任编辑 于界芬　于晓文　　**电话**（010）83143549

出版发行 中国林业出版社有限公司
（100009 北京西城区德内大街刘海胡同 7 号）
网　址 http://www.forestry.gov.cn/lycb.html
印　刷 北京雅昌艺术印刷有限公司
版　次 2022 年 7 月第 1 版
印　次 2022 年 7 月第 1 次印刷
开　本 889mm × 1194mm　1/16
印　张 15.75
字　数 350 千字
定　价 158.00 元

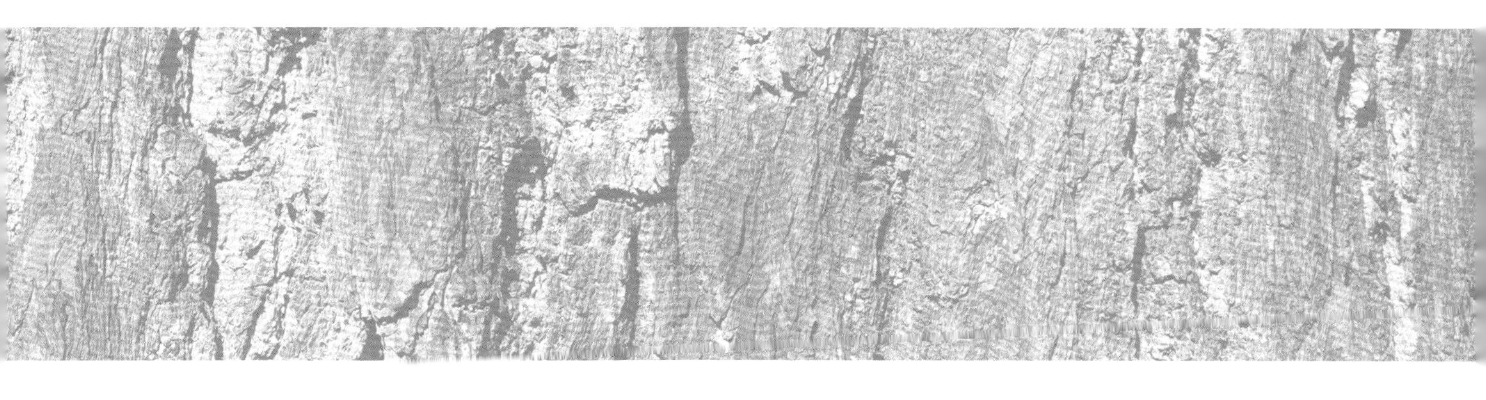

《金陵树王》（上册）

编委会

前 言

中华上下五千年，历史悠久，文化璀璨。秦砖汉瓦让今人在遥想中叹为观止，唐诗宋词给后人留下弥足珍贵的精神财富。这些见证了我们中华民族辉煌历史的文化血脉生生不息，绵绵不绝，但是见证这些的“鲜活生命”的“物”在我们文化史中却并不多见。环顾周遭，记录社会、城市发展的树木无疑具有这种“物”的功能。或许也只有它们才可以承担起如此重任。

森林是人类的最早发源地。古人类的衣食住行都离不开树木，时至今日，树木产品在人类生产、生活中仍然不可或缺。在城市化进程中，树木发挥着不可替代的作用。作为城乡绿化的主体要素，防护林网、公园绿道、乡村郊野都不乏树木婆娑的身影；以树木为依托的林业产业是最有发展前景的绿色产业之一，是中国脱贫攻坚的助推者和见证者，是乡村振兴的生力军；树木一生都在吸收二氧化碳、释放氧气，通过净化环境，保护生态造福人类。古往今来，咏叹树木的诗词歌赋浩如烟海，记录树木的影像图集也数不胜数，但见证一座城市发展的树王却无人问津，这不能不说是我们地方文化发展中的一个缺憾。每念及此，我就想，我们或许早就应该反思。

城市是现代文明的集聚地和制高点，古老的城市留下了古老的印痕，古老的印痕蕴藏着古老的故事。我国幅员辽阔，城市星罗棋布，但拥有历史文化名城之美誉的只有一百三十多座，而“六朝古都”南京则名列其中。南京古称金陵、建康、建邺、江宁等，有着 3100 年的建城史和近 500 年的建都史。悠久的历史成就了南京厚重的文化底蕴，钟山毓秀，城墙连绵，秦淮水韵，无一不是南京的“味道”，而散落在城市、山林中的一棵棵树木，更是在默默述说着南京的过往旧事和当下发展的无限生机。古都金陵，不乏树王的存在，她蕴藏着独特的遗传资源。春夏秋冬，岁月更迭，历经沧桑的一棵棵树王，或绽放在春风里，或摇曳在夏荫中，或耀眼在金秋里，或傲雪在寒冬中。不求闻达，偏安一隅，独自经受岁月的洗礼。如今，生态文明建设的号角早已吹响，时代呼唤英雄的出现，而树王便是树木中的英雄。不过，寻找英雄、发现英雄，首先需要我们去探索，去认知。

“十三五”期间，南京市相继开展了全市林木种质资源清查工作，调查成果再次证实了南京“林家铺子”的“成色十足”。南京市的林木种质资源数量位居江苏省首位，在领先、率先、争先、创先等方面为其他兄弟市作出了示范。本次“金陵树王”评选对象是市域范围的参天古树和挺拔大树的种质资源，有四季常青的常绿树种和春萌秋落的落叶树种，有高大的乔木树种、精致的灌木树种、缠绕的藤本植物，也有优良的生态树种、高产的材用树种和优质的经济林树种等，当然，也包括了原生乡土树种和外来树种。

百木汇成林，树王聚金陵。我的城市，我的树王！以树王的形态特征、生态习性和主要用途传播树种的自然科学知识，以树木文化和树王特写来重现城市和树木的前世今生，把复杂的专业知识转化为可全民互动的科普话题，为大众学习树种专业知识、了解南京树王的分布提供专业性参考。在寻找树王、宣传树王的过程中，既推广科普知识，也传递城市历史文化和树王的文化价值，增进人们保护树木种质资源、保护环境的生态意识，守护并拓展南京市的旅游资源，同时也增强南京作为绿色古都的文化自信，营造“我的树王我来护，我的南京我来建”的良好社会氛围。这，即是我们编纂《金陵树王》的初衷。

本书收录了40个树种的树王，所有树王的选定均是在实地严谨调研、反复认真对比、专家细致评选的基础上完成。通过追溯树王历史、展现树王风姿，以达以树阅史、以树悟心、以树靓城的编纂目的。本书的出版得到多家单位、多位同仁的大力支持，在此深表谢意！特别致谢南京市绿化园林局、南京市林业站、南京林业大学以及参与树王调查和评选的相关单位、专家和提供树王信息、摄影照片的各位友人，没有你们的鼎力相助，繁复的调研、精细的对比、专业的评定等工作不可能顺利开展；感谢参与本书撰稿的各位老师和研究生，没有你们的无私奉献、热忱帮助，也就不可能有《金陵树王》（上册）的集结出版。

“吾生也有涯，而知也无涯”，在浩瀚的大自然面前，人类的认知如沧海一粟，微不足道，但我们还是希望把这册《金陵树王》呈现给大家，为认知我们生活的这个城市、脚下的这块土地提供历史文化与现实美感兼具的资料参考。其间，不足之处在所难免，还望诸君不吝赐教！

编者

2022年5月

目录

百木汇成林　树王聚金陵

金陵树王

银杏

银杏树王位于南京市浦口区汤泉街道惠济寺（N 32°05′58″、E 118°30′34″）。虽是银杏树王，但为雌株，胸径 275 厘米，树高 29 米，冠幅 21 米；树龄约 1500 年，健康状况良好。相传为南朝梁昭明太子萧统（501—531 年）在惠济寺中读书时所植。树王“笑看风云过千年，挺立扬子江畔边，鸭趾摇曳果香甜，坐等静思结佛缘”。

银杏

学名 *Ginkgo biloba* L.

别名 鸭掌树、鸭脚子、公孙树、白果树

科属 银杏科（Ginkgoaceae）银杏属（*Ginkgo*）

形态特征

落叶乔木，高达 40 米，胸径可达 4 米。树皮呈灰褐色，深纵裂，粗糙。幼年及壮年树冠呈圆锥形，老树树冠为广卵形。大枝斜展，1 年生长枝呈淡褐黄色，2 年生枝条为灰色。冬芽黄褐色，常为卵圆形，先端钝尖。叶呈扇形，基部为宽楔形，上部宽 5~8 厘米，上缘有浅或深的波状缺刻，有时中部缺裂较深，基部楔形，有长柄，在短枝上 3~8 叶簇生。球花雌雄异株，雄球花具短梗，生于短枝顶端叶腋或苞腋，长圆形，下垂，淡黄色，雌球花具长梗，生于短枝叶丛中，淡绿色。种子常为椭圆形、倒卵圆形或近圆球形，长 2.5~3.5 厘米，直径为 2 厘米，外种皮肉质，成熟时黄色或橙黄色，外被白粉，外种皮肉质有臭味，中种皮白色，骨质，具 2~3 条纵脊，内种皮膜质，淡红褐色，胚乳肉质，味甘略苦。花期为 3 月下旬至 4 月中旬，种子成熟于 9~10 月。

雄花

幼果

分布范围

银杏为中生代孑遗树种，系我国特产。银杏适宜栽培区甚广，北自沈阳，南达广州，东起华东海拔 40~1000 米地带，西南至贵州、云南西部（腾冲）海拔 2000 米以下地带均有栽培，浙江天目山和重庆金佛山有野生状态种群分布。朝鲜、日本及欧美各国均有作观赏栽培。

果实

树皮

生态习性

银杏为喜光树种，深根性，对气候、土壤的适应性较宽泛，能在高温多雨及雨量稀少、冬季寒冷的地区生长，但生长缓慢或不良；能生于酸性土壤（pH 值为 4.5）、石灰质土壤（pH 值为 8）及中性土壤上，但不耐盐碱土及过湿的土壤。

主要用途

银杏具有观赏、药用、材用等多种用途。银杏树形优美，树姿雄伟，叶形奇特而秀美，春夏叶色嫩绿，秋季黄色，颇为美观，适宜作庭荫树、行道树或独赏树。银杏还具有抵御病虫害、净化空气、提高空气质量等功能。银杏果含黄酮、内酯、白果酸等有效成分，具有抵抗真菌、通畅血管、延缓衰老、治疗老年痴呆症等功效。银杏叶含有蛋白质、糖、维生素 C、维生素 E、胡萝卜素等多种营养成分，其提取液具有改善心脏血流、保护缺血心肌、降低胆固醇等功效，对预防心脑血管疾病有重要作用。银杏还是速生珍贵用材树种，材质轻软，易加工，有光泽，不易开裂，可用作建筑、家具、雕刻等。

树木文化

银杏是我国特有的孑遗植物，是闻名于世的“活化石”，在我国已有几千年的栽培历史，具有深厚的人文内涵。在宋朝，因其叶形似鸭子的脚，故又名“鸭脚”。欧阳修曾在《和圣俞李侯家鸭脚子》记载道：“鸭脚生江南，名实未相浮。绛囊因入贡，银杏贵中州”。明

秋叶

秋景

树乳

朝·胡奎《题银杏双鸠图》中有:“鸭脚叶青银杏肥，双鸠和梦立多时。日长庭院无人到，呼雨呼晴总不知。”此后银杏备受推崇，逐渐被人们广泛种植。银杏千年不老，硕果累累，或屹立于悬崖峭壁，或守护古刹名寺，或植于屋前宅后，见证了中华民族绵延不断的历史文化和中华儿女勤劳勇敢、安居乐业的生活。古今中外有许多诗人咏诵银杏美景，唐朝诗人王维曾作诗咏曰:“文杏裁为梁，香茅结为宇。不知栋里云，去作人间雨”，用文杏结梁表现建筑物的高雅。宋朝大诗词家苏东坡有诗赞曰:“四壁峰山，满目清秀如画。一树擎天，圈圈点点文章”，表达了对顶天立地银杏的敬慕和赞美之情。初秋之际，碧云天，清风起，片片银杏叶被微微寒意染成金黄，纷纷扬扬飘落而下，为大地铺上厚厚的“银杏黄”地毯。宋朝诗人葛绍体被银杏落叶的美景震撼:“满地翻黄银杏叶，忽惊天地告成功”，翻飞舞动的银杏叶映入眼帘，惊觉季节蜕变、年岁更迭。现代文人郭沫若更是对银杏之景赞不绝口:“秋天到来，蝴蝶已经死了的时候，你的碧叶要翻成金黄，而且又会飞出满园的蝴蝶”。他笔下的银杏叶，蕴藏着蓬勃、坚守、洒脱、嶙峋的精神力量，充满希望，是“东方的圣者”“中国人文的有生命的纪念塔”，象征着中华民族悠久的文化和不屈不挠的斗争精神。赵仁东编著

树王

的《银杏文化学》一书，从银杏历史、文化、生态、美学进行了全面探讨。银杏的沧桑历史、独特品质、象征意义和精神寄托融合而成的银杏文化，是我国人民宝贵的精神财富。

2007 年，江苏省第十届人大常委会确定银杏为省树。许多城市也把银杏作为市树，如成都市、连云港市、徐州市、扬州市、泰州市等。

银杏寓意长寿、坚韧、沉着、瑞祥、子孙昌盛。

保护现状

《国家重点保护野生植物名录》(2021)：一级。

世界自然保护联盟濒危物种红色名录（IUCN 红色名录）：濒危（EN）。

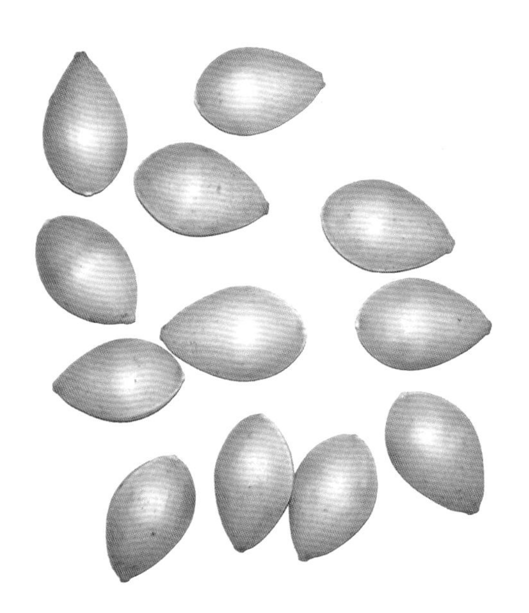

种子

百木汇成林　树王聚金陵

金陵树王

雪松

雪松树王位于南京市玄武区中山陵“天下为公”陵门处（N 32°03′52″、E 118°50′56″）。胸径 128 厘米，树高 20 米，冠幅 9 米，枝下高 2.4 米；树龄 102 年，健康状况一般。南京自 1920 年代开始由日本和印度引种雪松，民国时期和新中国成立初期种植较多。孙中山先生作为伟大的民族英雄、中国民主革命的伟大先驱，一生追求“天下为公”，先生已逝，但如松树一般的伟岸身躯却开启了中国近代革命的新篇章。

雪松

学名 *Cedrus deodara* (Roxb.) G. Don

别名 塔松、香柏

科属 松科（Pinaceae）雪松属（*Cedrus*）

形态特征

常绿乔木，高达 30 米左右，胸径可达 3 米，枝下高很低。树皮深灰色，裂成不规则的鳞状片。大枝平展、微斜展或微下垂，小枝常下垂，1 年生长枝淡灰黄色，2、3 年生枝呈灰色、淡褐灰色或深灰色。叶为针形，坚硬，淡绿色或深绿色，长 2.5~5 厘米，宽 1~1.5 毫米，上部较宽，先端锐尖，下部渐窄，常成三棱形，稀背脊明显，叶片腹面两侧各有 2~3 条气孔线，背面 4~6 条，幼叶气孔线被白粉。雄球花为长卵圆形或椭圆状卵圆形，长 2~3 厘米，径约 1 厘米，雌球花为卵圆形，长约 8 毫米，径约 5 毫米。球果成熟前淡绿色，微被白粉，成熟时呈褐色或栗褐色，卵圆形或宽椭圆形，长 7~12 厘米，直径 5~9 厘米，顶端圆钝，有短梗，中部种鳞为扇状倒三角形，长 2.5~4 厘米，宽 4~6 厘米，上部宽圆，边缘微内曲，中部楔状，下部耳形，基部爪状，鳞背密生短茸毛。种子近三角状，种翅宽大，连同种子长 2.2~3.7 厘米。

幼果

成熟球果

针叶

分布范围

原产于喜马拉雅山南麓，广泛分布于不丹、尼泊尔、印度和阿富汗靠近喜马拉雅山的地区，海拔1300~3300米地带。北京、旅顺、大连、青岛、徐州、上海、南京、杭州、南平、庐山、武汉、长沙、昆明等地已广泛引种栽培观赏。1914年，我国青岛最早开始引种雪松。

生态习性

雪松对气候的适应范围较广，从亚热带到寒带南部都能生长，适宜生长在年降水量为600~1000毫米的暖温带至中亚热带气候区，在我国长江中下游一带生长较好。雪松为阳性树种，苗期稍耐阴，大树则要求较充足的光照，耐寒能力较强，但不耐水湿。雪松抗风力较弱，抗烟害能力较差，对二氧化硫等有害气体比较敏感。

主要用途

雪松树体高大，树形优美，其主干下部的大枝平展，长年不枯，能形成繁茂雄伟的树冠，是世界著名的庭园观赏树种之一。作为外来树种，其适生性问题随树龄增大而逐渐显现，因此需控制在城乡绿化中种植数量。雪松药疗用途的历史较为久远，将雪松油添加在化妆品中用来美容，也当作驱虫剂使用，雪松木中含有非常丰富的精油，具有抗脂漏、防腐、杀菌、祛痰、杀虫等功效。

树木文化

树皮

在我国传统文化中，松树寓意万古长青，象征延年益寿，常植于寺庙和祠堂。当万木萧条的严冬来临时，松树仍然傲然独立，以其苍翠挺拔、雄伟壮丽的树姿诠释着坚忍不拔的情怀。古往今来，松树深受中国人民喜爱，画家以此入画，文人以此作诗，寄予不屈不挠、积极向上、高尚纯洁的精神。

雪松虽然是外来非松属树种，但人们习惯视其为松属的一种，其应用已融入松柏文化，用松的挺拔不败比喻坚韧顽强、初心不改的君子，赞扬了顽强不屈的精神。雪松枝叶层层叠叠，像一座墨绿色的塔。凛冬时节，大雪纷扬，与苍翠的松叶相映成趣。古代诗词中常常出现“雪松”，但并不是今天“雪松”树种的名称，而是泛指雪中的“松树”。明朝朽庵林公曰：“雪松挺翠能禁冷，霜叶堆红岂是春。”宋朝姚勉曰：“深重君恩无以报，疾风草劲雪松坚。”宋朝释正觉曰：“云石雪松，岁寒之友从；晓月霜钟，清白之音容。”雪松是坚守自贞、昂扬向上的，它不向寒风妥协、不向冰霜屈服的坚强意志让人敬畏。宋朝曹勋诗云“骨相霜筠与雪松，高才直节固无同”，赞美了雪松挺拔伟岸的气节。苏轼《寄题刁景纯藏春坞》云：“白首归来种万松，待看千尺舞霜风”，写刁景纯的藏春坞中松林在寒风中舞动，意境开阔雄伟，既表现了自己开阔的胸襟，也成为历代文人追求的生活境界。陈毅诗中说：“大雪压青松，青松挺且直。要知松高洁，待到雪化时”，经历了严酷风雪的磨砺和洗礼，青松必将更显青翠高洁。寄托了陈毅坚忍不拔的精神气魄，也象征着中国共产党和中国人民不畏强权、不怕困难、敢于斗争、争取胜利的革命英雄主义精神。

1982 年 4 月 19 日，南京市第八届人民代表大会常务委员会第八次会议讨论决定，命名雪松为南京市市树。另外，雪松还是我国青岛、三门峡、晋城、蚌埠、淮安等城市的市树。

保护现状

世界自然保护联盟濒危物种红色名录（IUCN 红色名录）：未予评估（NE）。

百木汇成林　树王聚金陵

金陵树王

墨西哥落羽杉

墨西哥落羽杉树王位于南京市玄武区东南大学四牌楼校区健雄院楼前（N 32°03′26″、E 118°47′21″）。胸径 164 厘米，树高 18 米，冠幅 23 米，枝下高 2.5 米；树龄 116 年，健康状况良好。墨西哥落羽杉树王因生长在东南大学健雄院一侧，又被称为“健雄魂”，是目前我国现存最早、最大的墨西哥落羽杉。东南大学健雄院历史悠久，原称“口子房”，始建于 1909 年，曾是两江师范学堂的主楼，后发展为“科学馆”“江南院”，美国科学院院士吴健雄曾在此就读，1992 年东南大学九十华诞时更名为“健雄院”。除此之外，该株树王还为林木遗传育种作出了特殊贡献，为培忠杉和中山杉最早的杂交亲本。

墨西哥落羽杉

学名 *Taxodium mucronatum* Ten.

别名 尖叶落羽杉、墨西哥落羽松

科属 柏科（Cupressaceae）落羽杉属（*Taxodium*）

形态特征

外来常绿或半常绿大乔木，在原产地高达 50 米，胸径 4 米。树干尖削度大，基部膨大，树皮裂成长条片脱落。枝条水平开展，形成宽圆锥形树冠，大树的小枝微下垂。生叶的侧生小枝螺旋状散生，不呈二列。叶条形，扁平，排列紧密，列成二列，呈羽状，通常在一个平面上，长约 1 厘米，宽 1 毫米，向上逐渐变短。雄球花卵圆形，近无梗，组成圆锥花序状。球果卵圆形，径 1.5~2.5 厘米，被白粉。在原产地为秋季开花，但引种至南京后，变为春季开花，但不能正常结实。

花序

球果

分布范围

原产于墨西哥及美国西南部，生于亚热带温暖地区。我国上海、浙江（台州、温州、宁波和绍兴等地）、江苏（南京、苏州）、河南、湖北（武汉）、湖南和江西（九江）等地均有引种栽培。

生态习性

喜光，喜温暖湿润的气候，适生于亚热带温暖地区；极耐水湿，能常年在浅水中生长；耐盐碱，在土壤 pH 值高达 8.5、含盐量为 0.4% 碱性土壤上能正常生长；耐干旱，耐瘠薄，亦耐寒，在 –17℃低温环境下可以生长，但仅在 –5℃以内能保持常绿。在南京、上海等地发现其顶芽冬季常被冻死，因此主干不明显，分枝多，树冠顶部成伞形。

秋叶

主要用途

树形高大美观，树姿优美，生长迅速，枝繁叶茂，在我国东部地区表现为半常绿；春夏季节叶色为青绿色，到了秋冬季节气温下降会变成复古的棕黄色或者棕红色，是江南低洼湿地优良的园林绿化和造林树种，适宜作行道树和营造混交林及小片纯林。因极耐水湿和盐碱，能在浅河岸地区生长，营造水中森林景观。

树木文化

墨西哥落羽杉是墨西哥国树。世界上最大的墨西哥落羽杉位于墨西哥瓦哈卡州（Oaxaca）圣玛丽亚德尔图勒（Santa Maria del Tule）一座教堂（哥伦布时代），当地称之为“图莱”，树龄有 2000 多年。《吉尼斯世界纪录大全》1985 年版记载，树高 42 米，据地面高 1.52 米处干围 38.1 米，需要 30 人张开手臂合抱才能将它围起来，是世界上最粗的树。历经风吹日晒、岁月变迁，如今还是那么枝繁叶茂、苍劲挺立。墨西哥落羽杉在当地有着“阿胡胡特”的墨西哥美称，也被誉为“生命之树”，一直受到印第安人的崇敬，基督教神父们紧挨着这块“风水宝地”修了一座教堂（哥伦布时代）。一千多年来，古树气冲霄汉、冠盖八方，陪伴着人来人往的教堂。羽毛般的叶子在空中摇荡，一眼看去就会觉得如同梦境般让人沉醉但又保持神秘，如同空灵仙子般飘拂于世间，神秘感十足。

墨西哥落羽杉寓意生命与崇敬。

保护现状

世界自然保护联盟濒危物种红色名录（IUCN 红色名录）：未予评估（NE）。

百木汇成林　树王聚金陵

金陵树王

柏木

柏木树王位于南京市玄武区明孝陵享殿前道东侧（N 32°03′28″、E 118°50′04″）。胸径 122 厘米，树高 20 米，冠幅 14 米；树龄 96 年，健康状况良好。明孝陵为明朝开国皇帝朱元璋与其皇后的合葬陵寝，因皇后马氏谥号“孝慈高皇后”，又因奉行孝治天下，故名“孝陵”。明孝陵是我国规模最大的帝王陵寝之一，是自明五百年来中华正统根基之所在，被誉为“明清皇家第一陵”，明清、太平天国、民国等时期都对明孝陵表现出无上的尊崇，并对其进行多次修缮，甚至包括侵华日军当年攻打南京时对其也并未产生太大的破坏。柏木枝叶朴素无华，不张不扬，万木丛中最普通，忠贞护陵四季青。

柏木

学名 *Cupressus funebris* Endl.

别名 香扁柏、垂丝柏、黄柏（四川）、扫帚柏（湖南）、柏木树、柏香树（湖北）、柏树（浙江）、密密柏（河南）

科属 柏科（Cupressaceae）柏属（*Cupressus*）

形态特征

常绿乔木，高达 35 米，胸径可达 2 米。树皮淡褐灰色，裂成窄长条片。小枝细长下垂，生鳞叶的小枝扁，排成一平面，两面同形，绿色，宽约 1 毫米、较老的小枝圆柱形，暗褐紫色，略有光泽。鳞叶二型，长 1~1.5 毫米，先端锐尖，中央之叶的背部有条状腺点，两侧的叶对折，背部有棱脊。雄球花椭圆形或卵圆形，雌球花近球形。球果圆球形，径 8~12 毫米，熟时暗褐色。种鳞 4 对，顶端为不规则五角形或方形，宽 5~7 毫米，中央有尖头或无，能育种鳞有 5~6 粒种子；种子宽倒卵状菱形或近圆形，熟时淡褐色，有光泽，长约 2.5 毫米，边缘具窄翅。花期 3~5 月，种子翌年 5~6 月成熟。

枝叶

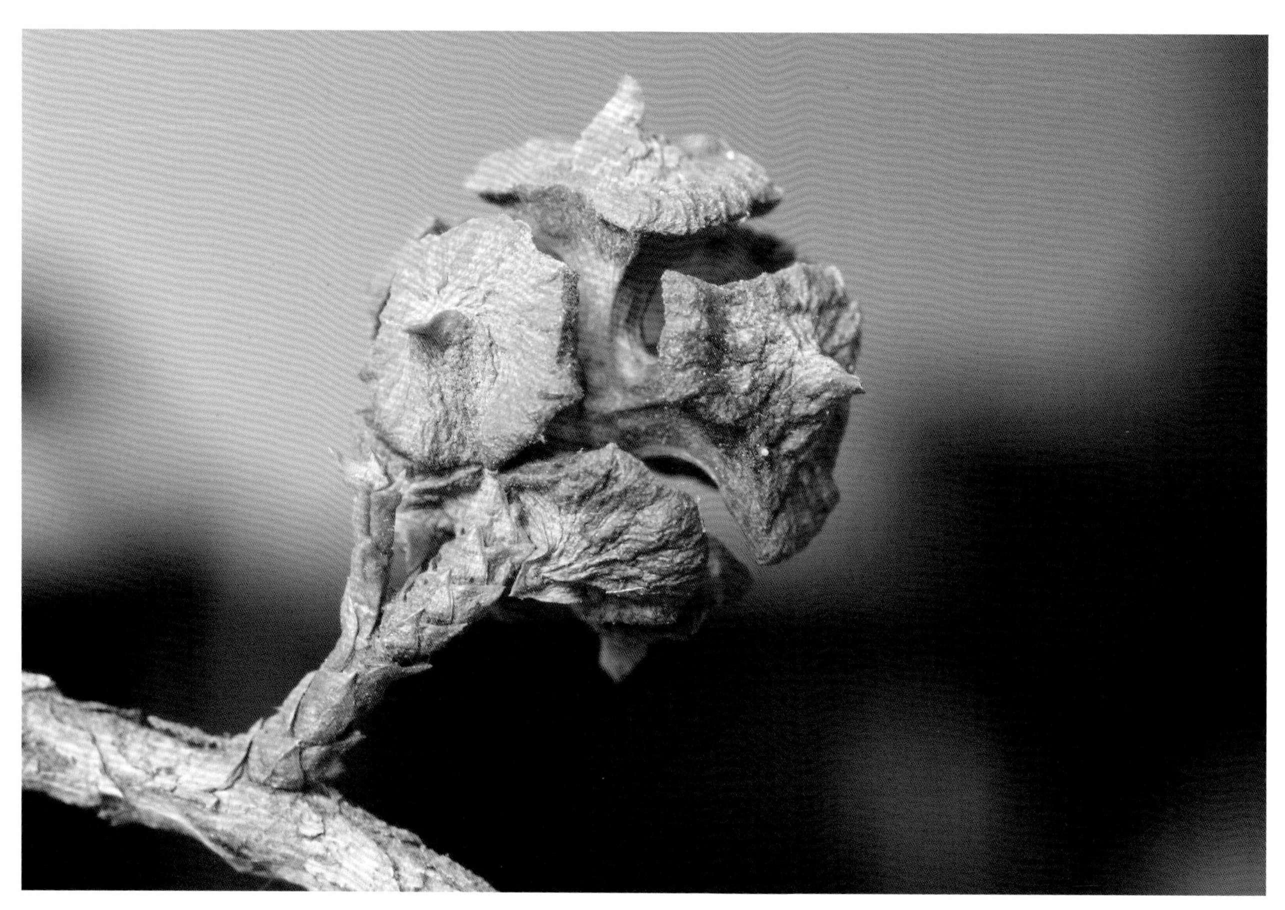

球果

树王

种子

分布范围

我国特有树种，分布广，产于浙江、福建、江西、湖南、湖北西部、四川北部及西部大相岭以东、贵州东部及中部、广东北部、广西北部、云南东南部及中部等省份；柏木在华东、华中地区分布于海拔 1100 米以下，在四川分布于海拔 1600 米以下，在四川北部沿嘉陵江流域、渠江流域及其支流两岸的山地常有生长茂盛的柏木纯林，在云南中部分布于海拔 2000 米以下。

生态习性

喜光，耐侧方庇荫。喜温暖湿润气候，在年均气温 13~19℃，年降水量 1000 毫米以上，且分配比较均匀，无明显旱季的地方生长良好。对土壤适应性广，中性、微酸性及钙质土上均能生长。耐干旱瘠薄，稍耐水湿，在上层浅薄的钙质紫色土和石灰土上也能正常生长。

主要用途

材质优良，心材黄褐色，边材淡褐黄色或淡黄色，纹理直，结构细，耐水湿，抗腐性强，有香气，主要用于高档家具、办公和住宅的高档装饰、木制工艺品加工等。柏木枝叶浓密，小枝下垂，树冠优美，可作景观树种和生态树种。柏树枝叶、树干、根蔸都可提炼精制柏木油，经济价值高，四川、重庆、湖南、贵州等地常用柏木枝叶熏制腊肉，具有特殊的芳香味道。

树木文化

柏与松种属相近，生长习性、树形相似，所以古人习惯于将松柏并称。中国松柏文化泛指人们在加工和利用松柏的过程中，超越了松柏作为自然物的范畴，形成的一种与松柏相关的文化现象和以松柏为中心的文化体系。“岂不罹凝寒？松柏有本性”，表达松柏经冬不凋，临风不倒，雪不能毁其志，寒风不致改其性；既顺四时而郁郁葱葱，又挺立于四时之外，枝枝丫丫，疏疏朗朗，树叶碧绿清脆，清新氤氲，透着团团绿色的灵气。

柏木生命力顽强，在地势奇险之处亦能生长，如郦道元的《三峡》中：“绝巘多生怪柏，悬泉瀑布，飞漱其间，清荣峻茂，良多趣味。”柏木坚贞不屈、高风亮节的品格，是理想人格和崇高精神的化身。孔子在《论语・子罕》曰：“岁寒，然后知松柏之后凋也”，比喻修道的人有坚韧的力量，耐得住困苦，受得了折磨，不至于改变初心。于谦在《北风吹》中：“北风吹，吹我庭前柏树枝。树坚不怕风吹动，节操棱棱还自持，冰霜历尽心不移”，借柏木表达自己坚忍不拔的决心和昂扬向上的精神。柏木还是不朽的象征，因此常在寺庙、陵园和祠堂中栽种。如白居易的《文柏床》中：“陵上有老柏，柯叶寒苍苍”；杜甫的《古柏行》中：“孔明庙前有老柏，柯如青铜根如石”；《蜀相》中：“丞相祠堂何处寻，锦官城外柏森森”，柏林苍劲挺拔、气象不凡，正象征着诸葛亮的显赫功勋与满腔忠诚。

中国人之所以爱柏，不仅是因为欣赏其外观，更是因为崇奉和倾慕其高尚气节。柏木的精神是人们陶冶情操和品德修养的精神动力。

保护现状

世界自然保护联盟濒危物种红色名录（IUCN 红色名录）：无危（LC）。

金陵树王

圆柏

圆柏树王位于南京市玄武区东南大学四牌楼校区（N 32°03′26″、E 118°47′29″）。胸径 99 厘米，树高 12 米，冠幅 6 米；树龄 1520 年，健康状况一般。相传为六朝遗物，由梁武帝亲手种植，俗称“六朝松”，南京古树中的“活化石”，堪称南京市标志性古树名木。

梁帝手植建康城，见证海上丝绸行，隋唐作罢为金陵，应天江宁短天京，伴随南京十朝兴，已成千年六朝松，国子监后办学堂，东大至今作图腾。

圆柏

学名 *Sabina chinensis* (L.) Ant.

别名 桧、桧柏、珍珠柏、红心柏

科属 柏科（Cupressaceae）圆柏属（*Sabina*）

形态特征

常绿乔木，高达 20 米，胸径可达 3.5 米。树皮灰褐色，呈浅纵条剥离，有时呈扭转状。幼树的枝条通常斜上伸展，形成尖塔形树冠，老则下部大枝平展，形成广圆形树冠；小枝通常直或稍成弧状弯曲，生鳞叶的小枝近圆柱形或近四棱形，径 1~1.2 毫米。叶二型，即刺叶及鳞叶；刺叶生于幼树之上，老龄树则全为鳞叶，壮龄树兼有刺叶与鳞叶；鳞叶三叶轮生，直伸而紧密，近披针形，先端微渐尖，长 2.5~5 毫米，背面近中部有椭圆形微凹的腺体；刺叶三叶交互轮生，斜展，疏松，披针形，先端渐尖，长 6~12 毫米，上面微凹，有两条白粉带。雌雄异株，稀同株，雄球花黄色，椭圆形，长 2.5~3.5 毫米，雄蕊 5~7 对。球果近圆球形，径 6~8 毫米，2 年成熟，熟时暗褐色，被白粉或白粉脱落，有 1~4 粒种子。种子卵圆形，扁，顶端钝，有棱脊及少数树脂槽。

球果

叶与果

树干

树皮

分布范围

分布于内蒙古乌拉山、河北、山西、山东、江苏、浙江、福建、安徽、江西、河南、陕西南部、甘肃南部、四川、湖北西部、湖南、贵州、广东、广西北部及云南等地。朝鲜、日本也有分布。

生态习性

喜光，较耐阴，喜温凉、温暖气候，耐寒并且耐热（能耐 -27℃低温和 40℃高温）；对土壤要求不严，能生于酸性土、中性土或石灰质土中，对土壤的干旱及潮湿均有一定抗性；耐轻度盐碱，但以在中性、深厚而排水良好处生长为佳；抗污染，对二氧化硫、氯气、氟化氢等多种有害气体均有较强的抗性，并能吸收硫和汞。深根性树种，侧根发达，生长速度中等，寿命极长。

主要用途

圆柏是著名的园林绿化树种，树形优美，成年期呈整齐圆锥形，老树则枝干扭曲，奇姿古态，堪为独景。耐修剪又有很强的耐阴性，可作绿篱，下枝不易枯，且可植于背阴处。圆柏为我国自古喜用的园林树种之一，可谓古典民族形式庭园中不可或缺的观赏树种之一，常配植于宫殿式建筑，古时也常将其种植于庙宇陵墓作墓道树或柏林。圆柏也可作盘扎整形，又宜作桩景、盆景材料。抗性强，适宜化工企业种植。

树木文化

圆柏称“桧”，自古已然。中国历史古籍中便有圆柏的分布、利用和栽培的记载。西周分封的诸侯国就有将圆柏作为国名（《诗·桧风》）。荆扬之贡中，便有“椿干栝柏”（《诗·夏书·禹贡》）。栝，所指的就是桧，即圆柏。同时，通过形态观察，古人对于桧、柏、枞、松这些针叶树种都能予以区别。圆柏“其枝叶乍桧乍柏，一枝之间屡变”，已经清楚地知道圆柏幼树时为针刺叶，随着树龄的增长，针叶逐渐被鳞片所代替。

圆柏身姿挺拔、四季常绿，早在秦汉时期就已用于栽培观赏。与侧柏相似，圆柏也常植于庙宇、墓地等处，各地常见圆柏古树。孔庙在汉以前就有种植圆柏的传统，孔庙的圆柏作为象征孔子道德文化生命的一种符号而存在。唐程浩《凤翔府扶风县文宣王新庙记》写道：“砌兰有主，院柏分行。徂庭自肃，入室加敬”，可知唐朝孔庙庭院按行列种植柏树，形成一种严整、肃穆、恭敬的庭院空间氛围，柏树成为营造孔庙空间氛围的元素。苏州光福邓尉司徒庙内的四株圆柏古树，相传为东汉邓禹手植，因姿态奇古，蜿蜒虬曲，被称为“清、奇、古、怪”，并有“清奇古怪画难状，风火雷霆劫不磨”的赞语，既描绘出圆柏外观的奇崛不凡，又称赞其顽强不屈、坚韧刚毅的品格。此外，沈复《浮生六记》也说：“相传汉以前物也”为吴中一绝。圆柏寿命非常长，现如今千年以上古圆柏比比皆是，在山野、寺庙、墓地多见。在古代诗人的作品中圆柏（桧）经常出现。宋朝周文璞“天风稳送步虚声，杂和漫山桧柏鸣。远望山腰多白石，细看知是野人行”，写漫山遍野的圆柏在风中簌簌作响。清朝诗人陈肇兴“墓门满目增惆怅，泪洒东风桧柏枝”，用桧柏寄托诗人扫墓时感伤的情感。清末诗人叶云峰《贺贡校长七十华诞》“会赴耆英不计年，南飞笙鹤唳遥天。手栽桃李添春色，眼看儿孙能尚贤。桧柏青葱神奕奕，齐眉白首福绵绵。多君早具生花笔，写出蓝桥过八仙”，诗人取桧柏苍翠葱郁、精神焕发的姿态寓意儿孙尚贤乐学、家庭和睦幸福。

圆柏伟岸挺拔，枝叶入冬依旧青翠，耐雪迎风，象征品质坚贞、万古长青。经过历史的沉淀，圆柏因其特殊的精神文化内涵被当作是正义、高尚、长寿以及不朽的象征。往往与松树、柳树等一起栽种在坟地旁，象征死者的长眠不朽、世界的安宁幸福。

保护现状

世界自然保护联盟濒危物种红色名录（IUCN 红色名录）：未予评估（NE）。

金陵树王

玉兰

玉兰树王位于南京市玄武区明孝陵文武方门内“治隆唐宋”殿后（N 32°03′26″、E 118°50′03″）。胸径 81 厘米，树高 17 米，冠幅 15 米，枝下高 3.5 米；树龄近 100 年，健康状况良好。花开果红写春秋，玉兰树王像一名“壶郎”，记录着明孝陵的四季更替。

玉兰

学名 *Yulania denudate* (Desr.) D. L. Fu

别名 迎春花、望春花、玉堂春、白玉兰、木兰

科属 木兰科（Magnoliaceae）玉兰属（*Yulania*）

形态特征

落叶乔木，高达 25 米，胸径 1 米，枝广展形成宽阔的树冠。树皮深灰色，粗糙开裂。小枝稍粗壮，灰褐色。冬芽及花梗密被淡灰黄色长绢毛。叶纸质，倒卵形、宽倒卵形或、倒卵状椭圆形，基部徒长枝叶椭圆形，长 10~15（18）厘米，宽 6~10（12）厘米，先端宽圆、平截或稍凹，具短突尖，中部以下渐狭成楔形，叶上深绿色，嫩时被柔毛，后仅中脉及侧脉留有柔毛，下面淡绿色，沿脉上被柔毛，侧脉每边 8~10 条，网脉明显；叶柄长 1~2.5 厘米，被柔毛，上面具狭纵沟；托叶痕为叶柄长的 1/4~1/3。花蕾卵圆形，花先叶开放，直立，芳香；花梗显著膨大，密被淡黄色长绢毛；花被片 9 片，白色，基部常带粉红色，近相似，长圆状倒卵形，长 6~8（10）厘米，宽 2.5~4.5（6.5）厘米；雌蕊群淡绿色，无毛，圆柱形；雌蕊狭卵形，具长 4 毫米的锥尖花柱。聚合果圆柱形，长 12~15 厘米；蓇葖厚木质，褐色，具白色皮孔。种子心形，侧扁，外种皮红色，内种皮黑色。花期 2~3 月，果期 9~10 月。

花

聚合果

树干

花

叶

分布范围

产于江西（庐山）、浙江（天目山）、湖南（衡山）、贵州等地，生于海拔 500~1000 米林中。现全国各大城市广泛栽培；早在 18 世纪末，玉兰就被陆续引入欧洲，之后美国、日本等国家和地区均有引种栽培。

生态习性

喜光，稍耐阴，有一定耐寒性，在 -20℃条件下能安全越冬。喜肥沃湿润而排水良好的弱酸土壤（pH 值 5~6），也能生长于弱碱性土壤（pH 值 7~8）。对二氧化硫、氯气等有害气体抵抗力较强。

主要用途

早春白花满树，花如“玉雪霓裳”，形有“君子之姿”，艳丽芳香，为驰名中外的庭园观赏树种。不仅能给人以“点破银花玉雪香”的美感，还有“堆银积玉”的富贵，与其他春花植物组景，更凸显群木争艳、百花吐芳的喧闹画面。玉兰树姿挺拔不失优雅，叶片浓翠茂盛，自然分枝匀称，生长迅速，适应性强，病虫害少，非常适合种植于道路两侧作行道树。盛花时节漫步玉兰花道，可深深体会到“花中取道、香阵弥漫”的愉悦之感。

玉兰花性味辛、温，花蕾入药与“辛夷”同功效，花含芳香油，可提取配制香精或制浸膏；花被片可食用或用以茶熏。

树木文化

花

玉兰树姿优美，其结蕾于冬，花先叶开放，盛花若雪，莹洁清香，蔚为奇观，深受我国人民的喜爱，栽培历史长达2500多年。玉兰植株高大，开花位置高，迎风摇曳，神采奕奕，清新可人。纯洁优雅的玉兰在枝头傲然屹立，洁白无暇，圆润而舒展，又如莲花一样“出淤泥而不染”。从古至今，诗人把玉兰花比作春天的使者、淡雅的仙子。明朝睦石《玉兰》“霓裳片片晚妆新，束素亭亭玉殿春。已向丹霞生浅晕，故将清露作芳尘”，诗人不直接描绘玉兰的外形，侧重刻画其神韵和气质，笔下玉兰花颜色素雅、姿态婀娜，其“芳尘”二字令人浮想联翩。归于尘土的花瓣，仍伴着晶莹的露珠散发着芬芳的气息。沈周《题玉兰》中的“翠条多力引风长，点破银花玉雪香。韵友自知人意好，隔帘轻解白霓裳”，则写出了玉兰的丰腴、明丽和妩媚。明朝张茂吴《玉兰》诗中，更是以“但有一枝堪比玉，何须九畹始征兰”的藏尾手法巧妙地将“玉”和“兰”嵌于诗句中。康熙面对皇苑中玉兰盛放，题《玉兰》诗云：“琼姿本自江南种，移向春光上苑栽。试比群芳真皎洁，冰心一片晓风开”，借傲视群芳的玉兰抒发其指点世间万物苍生的帝王情怀。玉兰花美，其香沁人。明朝丁雄飞赏玉兰之香，诗云：“玉兰雪为胚胎，香为脂髓。”明朝文征明诗云：“影落空阶初月冷，香生别院晚风微”，将玉兰花的芳香描绘得淋漓尽致。玉兰在萧瑟的冬日蓄力，给初春尚待吐绿的大地献礼。春风拂面，玉兰花开。“池烟径柳漫黄埃，苦为辛夷酹一杯。如此高花白于雪，年年偏是斗风开”，玉兰花内敛，娴静而又婉约，气定神闲，心无旁骛，临风而开，共同为世人展示出一派大好春光。玉兰不仅花开时美，其花朵凋落也富有诗意，微风过处，花瓣如玉，枝头纷落，又如白蝶满园飞舞，正是“微风吹万舞，好雨尽千妆”。绽放时，她不声不响地呈予世人尽态极妍的绚烂；凋落时，自尊而从容地奔赴与生命的约定。零落四散的洁白花瓣，慷慨地诠释了不染纤尘的一生。

玉兰花寓意是忠贞不渝的爱情和知恩图报。还被用来象征高洁品质、纯洁天真、真挚友谊和吉祥如意。

保护现状

世界自然保护联盟濒危物种红色名录（IUCN红色名录）：近危（NT）。

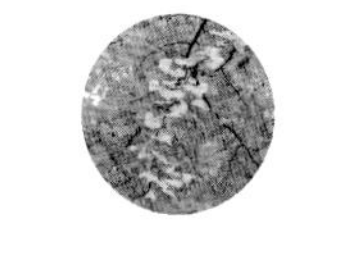

百木汇成林　树王聚金陵

金陵树王

香樟

香樟树王位于南京市鼓楼区南京大学礼堂旁（N 32°03′30″、E 118°46′32″）。地径 171 厘米，枝下高 0.9 米，树高 18 米，冠幅 11 米；树龄 90 年，健康状况良好。百年学府孕育香樟树王，四季绿树讴歌时代华章。翻阅南京大学的校史，20 世纪 30 年代恰是中央大学办学时期，时任校长朱家骅先生审时度势，以建“国民会议礼堂”为名获批经费建造了“中大礼堂”，香樟树王正是当时礼堂外围的绿化所植树木。

香樟

学名 *Cinnamomum camphora* (L.) Presl
别名 樟、油樟、乌樟、瑶人柴、栳樟、臭樟等
科属 樟科（Lauraceae）樟属（*Cinnamomum*）

形态特征

常绿大乔木，高可达 30 米，直径可达 3 米。树冠为广卵形，枝、叶及木材均有樟脑气味。幼时树皮绿色，平滑，老时树皮渐变为黄褐色，有不规则的纵裂。枝条圆柱形，淡褐色，无毛。叶互生，卵状椭圆形，长 6~12 厘米，宽 2.5~5.5 厘米，先端急尖，基部宽楔形至近圆形，全缘，有时呈微波状。叶柄纤细，长 2~3 厘米，腹凹背凸，无毛。圆锥花序腋生，花绿白或稍带黄色，长约 3 毫米，花梗长 1~2 毫米，无毛。子房球形、果卵球形或近球形，直径 6~8 毫米，紫黑色，果托杯状，长约 5 毫米，顶端截平，宽达 4 毫米。花期 4~5 月，果期 8~11 月。

分布范围

产于我国南方及西南各省份，常生于山坡或沟谷中。越南、朝鲜、日本也有分布。

花

果实

花

树叶

生态习性

香樟喜光，稍耐阴，喜温暖湿润气候，耐寒性不强，适生于深厚肥沃的酸性或中性砂壤土，主要生长于亚热带向阳山坡、谷地及河岸平地、山坡或沟谷中。香樟主根发达，深根性，能抗风，萌芽力强，耐修剪。树形巨大如伞，能遮阴避凉。存活期长，可以生长为成百上千年的参天古木。

主要用途

香樟四季均呈现绿意盎然的景象，但春季换叶时，嫩芽和叶又会呈现丰富的色彩，如黄色、红色和橙色等，具有较好的观赏价值。树形高大如伞、优美，树姿雄伟，枝叶繁茂，并具有香气，同时还能吸烟滞尘、涵养水源、固土防沙和美化环境，是城乡绿化的优良树种，广泛用作庭荫树、行道树、防护林及风景林。其木材及根、枝、叶可提取樟脑和樟油，以供医药及香料工业用。其果核含脂肪，含油量约 40%。香樟的根、果、枝和叶均能入药，有祛风散寒、强心镇痉和杀虫等功效。此外，香樟还具有材用价值，可用于橱箱和建筑等。

树木文化

早在 2000 多年前，江南及华南地区的劳动人民已有种植香樟的记载，古老的香樟融入了人们的日常生活。香樟的香味与生俱来、经久不散。远古时代，香樟被用于尸体防腐，古人还经常把香樟叶簇拥在战马周围，以避免瘟疫。波斯人认为香樟是对抗瘟疫的一种有效的药物，波斯国王沙普尔二世曾把它作为保护巴比伦宫殿珠宝的药物。在中国和东南亚地区，人们对香樟颇为敬仰，把樟树尊为神圣之树、风水树和祖宗树，寄寓人丁兴旺、吉祥如意、幸福安康等美好情感。江南人家若生女，常植香樟，以供取材制作樟木箱作为女儿出嫁时的嫁妆。香樟是树木中的“寿星”，有长寿、充满福气的寓意。

香樟枝叶茂密、树姿雄伟挺拔，从古至今也有不少赞美香樟的佳句。宋朝舒岳祥留有“春来片片流红叶，谁与题诗放下滩”，描绘春季香樟换叶时的震撼景象。也有诗人托物言志，如苏洞所写“樟树何年种，娑娑满寺门”，借香樟之长寿感叹时间之久，寄托自己的踌躇满志。也有现代诗人写到“参天大树赞香樟，芳名永著育四方”，赞颂香樟枝繁叶茂、哺育四方、流芳百世。

树皮

香樟的花语是纯真的友谊、永不变质的友情和独一无二、无可替代的爱情。香樟已被选为江西省省树，在江西全省“无村不樟，无樟不村”。同时，该树种还被杭州、义乌、马鞍山等多个城市选为市树，寓意社会和谐、繁荣发展。

保护现状

世界自然保护联盟濒危物种红色名录（IUCN 红色名录）：无危（LC）。

百木汇成林　树王聚金陵

金陵树王

二球悬铃木

悬铃木树王位于南京市鼓楼区大铜银巷（N 32°02′44″、E 118°46′21″）。胸径134厘米，树高20米，冠幅14米，枝下高1.8米；树龄122年，健康状况良好。南京是一座有着“法桐”情怀的城市，这种情缘虽仅有一个半世纪，但情真意切，源于中山先生对于生态南京建设的夙愿？源于悬铃木自身伟岸的身躯？源于南京人和悬铃木的相见恨晚？姑且不去追究其中缘由了吧！但南京人就是这么真真切切地爱着法桐，这种热爱的确让人“嫉妒”和羡慕。悬铃木树王树龄虽已双甲子，但依然生长健壮，树形优美，冠大荫浓，枝条舒展，皮剥如片，叶展如掌，球果如铃。

二球悬铃木

学名 *Platanus acerifolia*（Aiton）Willd

别名 法国梧桐

科属 悬铃木科（Platanaceae）悬铃木属（*Platanus*）

形态特征

二球悬铃木是三球悬铃木（*Platanus orientalis*）与一球悬铃木（*P. occidentalis*）的杂交种。落叶大乔木，高30余米，胸径超过1米以上。树皮光滑，大片块状脱落。嫩枝密生灰黄色茸毛；老枝秃净，红褐色。叶阔卵形，宽12~25厘米，长10~24厘米，上下两面嫩时有灰黄色毛被，下面的毛被更厚而密，后变秃净，仅在背脉腋内有毛；基部截形或微心形，上部掌状5裂，有时7裂或3裂；中央裂片阔三角形，宽度与长度约相等；裂片全缘或有1~2个粗大锯齿；掌状脉3条，稀为5条，常离基部数毫米，或为基出；叶柄长3~10厘米，密生黄褐色星状毛；托叶中等大，长1~1.5厘米，基部鞘状，上部开裂。花通常4数。雄花的萼片卵形，被毛；花瓣矩圆形，长为萼片的2倍；雄蕊比花瓣长，盾形药隔被毛。果枝有头状果序1~2个，稀为3个，常下垂；头状果序直径约2.5厘米，宿存花柱长2~3毫米，刺状，坚果之间无突出的茸毛，或有极短的毛。花期3~4月，果9~10月，种子传播期4月。

果实

二球悬铃木树王

树皮

雌花与雄花

种子

分布范围

在第三纪时广泛分布于北美、欧洲及亚洲，现代只有1属，约有11种，分布于北美、欧洲东南部、西亚及越南北部，在世界多国均有栽培。我国南至两广及东南沿海，西南至四川、云南，北至辽宁均有栽培，在哈尔滨生长不良，呈灌木状。

生态习性

喜光，耐寒、耐旱，也耐湿；对土壤要求不严，无论酸性、中性或碱性土均可生长，并耐盐碱；萌芽力强，耐修剪。

主要用途

悬铃木树体高大，树干挺拔，树冠广展，树形雄伟端庄，叶大荫浓，树皮斑驳，适应性强，观赏价值高，为世界四大阔叶行道树之一，广泛应用于城市绿化，可孤植于草坪或旷地，列植于道路两旁。又因其对多种有害气体抗性较强，并能吸收有害气体，宜作厂矿绿化。自20世纪初，南京市开始大量引种悬铃木，现主城区有9万余株，整个南京辖区有15万株左右。春季种子传播，四处飘飞，诱发少数敏感人群鼻炎、咽炎、支气管炎症、哮喘病等，对市民的生产、生活及身体健康造成影响，因此应严格控制南京市悬铃木的种植数量。

树木文化

19 世纪中期，拿破仑三世上位，钦点乔治·奥斯曼男爵作为总设计师，着手重建巴黎的城市规划。在奥斯曼男爵的设计下，首次将悬铃木栽种于巴黎主干道，成为了可供行人悠闲徜徉、富有浪漫气息的林荫大道。此后各国大都市均以巴黎为楷模，将悬铃木作为城市主干道的行道树。1902 年起，法国人开始在上海淮海路上种植悬铃木，因叶子像梧桐，国人误以为是梧桐，所以就冠以“法国梧桐”名称。第一次鸦片战争结束后，一位法国传教士在南京石鼓路小学门前种下南京的第一棵法国梧桐。1928 年，为迎接孙中山奉安大典，南京市在中山南路等沿途栽种了 2 万棵悬铃木；1953 年，南京市人民政府掀起种植热潮，当时南京市内的悬铃木达 10 万株。南京因悬铃木而久负盛名，并且悬铃木已经成为南京历史、文化和性格不可或缺的一个组成部分。从民国初年到抗日战争，从解放战争到新中国成立，悬铃木与南京一起见证历史的风起云涌，它在南京生根、成长、茁壮，历经百年风雨，它的命运已经与人们的情感紧紧相连。每一天，每一刻，南京的悬铃木都与人们一起分享着悲欢离合的故事，陪伴着一代又一代人的成长。悬铃木虽是外来树种，但承载着南京的城市记忆，深受南京人喜爱。有一首现代诗歌这样描写它：“悬铃行道树之王，乔木干粗臂膀张。绿叶如同三角板，炎炎酷暑伞荫凉。深秋也挂橙红果，非是梧桐聚凤凰。待到仲春晴色暖，绒球乍裂絮绵扬。”诗人描绘了不同季节悬铃木的美好情韵和风情意蕴，悬铃木的风采跃然纸上，喜爱和赞美之意真情流露，读后让人禁不住极想走出房间或打开窗户打量一下她的风姿。张德保在《悬铃木》中写道：“楼外法桐挂悬铃，风吹树摇不发声。严冬过后叶落尽，由绿变黄小灯笼”。南京人对悬铃木有一种独特的钟爱和依恋。2011 年城市建设时将中山南路悬铃木砍掉，南京航空航天大学韩朔眺写下一首惜别诗：“伤心悲洒伤心泪，送别老树雨霏霏，遮荫泛绿七十载，此时风景永不回。”悲伤之情溢于言表，由此可以感受到南京人对悬铃木的深情。

悬铃木的花语是才华横溢。

保护现状

世界自然保护联盟濒危物种红色名录（IUCN 红色名录）：未予评估（NE）。

百木汇成林　树王聚金陵

金陵树王

枫香树

枫香树王位于南京市江宁区横溪街道官长社区薛家凹村（N 31°41′00″、E 118°47′41″）。胸径 123 厘米，树高 18 米，冠幅 12.5 米，枝下高 2.8 米；树龄约 150 年，健康状况良好。薛家村南枫香树被老百姓誉为神树，其树体高大威武，方圆百里唯此株，是秋冬赏枫好去处。

枫香树

学名 *Liquidambar formosana* Hance

别名 枫香

科属 金缕梅科（Altingiaceae）枫香属（*Liquidambar*）

形态特征

落叶乔木，高达 30 米，胸径可达 1 米。树皮灰褐色，方块状剥落。小枝干后灰色，被柔毛，略有皮孔。芽体卵形，长约 1 厘米，略被微毛，鳞状苞片敷有树脂，干后棕黑色，有光泽。叶薄革质，阔卵形，掌状 3 裂，中央裂片较长，先端尾状渐尖；两侧裂片平展；基部心形；上面绿色，干后灰绿色，不发亮；下面有短柔毛，或变秃净仅在脉腋间有毛；掌状脉 3~5 条，在上下两面均显著，网脉明显可见；边缘有锯齿，齿尖有腺状突；叶柄长达 11 厘米，常有短柔毛；托叶线形，游离，或略与叶柄连生，长 1~1.4 厘米，红褐色，被毛，早落。雄性短穗状花序常多个排成总状，雄蕊多数，花丝不等长，花药比花丝略短；雌性头状花序有花 24~43 朵，花序柄长 3~6 厘米，偶有皮孔，无腺体；萼齿 4~7 个，针形，长 4~8 毫米，子房下半部藏在头状花序轴内，上半部游离，有柔毛，花柱长 6~10 毫米，先端常卷曲。头状果序圆球形，木质，直径 3~4 厘米；蒴果下半部藏于花序轴内，有宿存花柱及针刺状萼齿。种子多数，褐色，多角形或有窄翅。花期 3~4 月，果期 10 月。

秋叶

果实

树皮

叶子

分布范围

我国秦岭及淮河以南各省份，北起河南、山东，东至台湾，西至四川、云南及西藏，南至广东均有分布。亦见于越南北部、老挝及朝鲜南部。

生态习性

喜光，喜温暖湿润气候；耐干旱，不耐水涝；耐火烧，萌生力极强；抗风力强，对空气中的二氧化硫等有害气体有抵御作用。

主要用途

枫香树干通直，树形挺拔、优美，春季新叶鲜红或嫩黄，深秋叶色红艳或金黄，是优良的园林绿化和观叶树种。可作行道树，也可在绿地中孤植、丛

雌花与雄花

植、群植。木材稍坚硬，抗白蚁，是良好的建筑及家具材料；枝丫材可培育香菇。树脂有香气，可用来调配香料，也可供药用，能解毒止痛、止血生肌；根、叶及果实亦入药，有祛风除湿、通络活血功效。

秋叶

树木文化

在2000多年的文化史中，枫香树除了展示药用、材用与观赏价值外，还积累了多种民俗象征，比如鸿运、坚毅等。枫香叶片入秋经霜，枫叶流丹，层林尽染，艳丽夺目，故常被称为“丹枫”，观赏价值非常突出。明朝王象晋的《群芳谱》记载：“枫，一名枫香，一名灵枫，一名欇欇……叶圆而作歧，有三角而香，霜后丹。”清朝陈淏子的《花境》曾描述：“枫树一经霜后，黄尽皆赤，故名‘丹枫’，秋色之最佳者。”深秋的枫香一树嫣红，燃烧着昂扬的激情，舞动着曼妙的身姿。从唐诗开始，枫树形成一组意象群，特别是意象“红叶”，经霜而更艳，生机盎然，绚丽多姿，无数次触碰着文人墨客的心弦。唐朝鱼玄机的“枫叶千枝复万枝，江桥掩映暮帆迟。忆君心似西江水，日夜东流无歇时”以枫叶起兴，表达延绵不绝的相思之情。李咸用曰：“秋枫红叶散，春石谷雷奔”；钱珝写道：“远岸无行树，经霜有半红。停船搜好句，题叶赠江枫”，诗人往往借枫林、枫叶的季相变化抒发情感，或离愁，或伤悲，或欢快。杜牧笔下的千古名句“停车坐爱枫林晚，霜叶红于二月花”更是把秋季的红叶描绘得活灵活现，余韵悠长，令人心驰神往。南京栖霞山、苏州天平山、长沙岳麓山等地皆为赏枫胜地，受到文人雅士和封建帝王的推崇，并留下了许多颂枫赏景的佳作。

在贵州黔东南布依族聚居地方，枫香树被敬为神树，即保寨树。传说有一位布依族姑娘偶然把织机摆到一株百年枫香树下织布，枫香树油滴落在织成的白布上，姑娘将白布印染后，竟然现出了美丽的图案，“洗搓不去，入缸浸染，呈梅花状，蓝底白花，族人欣然，始有枫香染”。1083年，宋神宗御题“天染枫香”封之，寓意枫香染乃天意玉成。2008年，枫香染入选国家级非物质文化遗产名录。

枫香树的寓意是思念、温存和积极进取。

保护现状

世界自然保护联盟濒危物种红色名录（IUCN红色名录）：无危（LC）。

百木汇成林　树王聚金陵

金陵树王

榆树

榆树树王位于南京市江宁区湖熟街道徐慕社区（N 31°47′46″、E 118°58′02″）。胸径 81 厘米，树高 15 米，冠幅 18 米，枝下高 1.5 米；树龄约 50 年，健康状况良好。该树王南北两大分枝，阴阳协调，恰似恩爱夫妻，执子之手，与此偕老，深刻描绘出“莫道桑榆晚，为霞尚满天”的真实意境。

榆树

学名 *Ulmus pumila* L.

别名 白榆、家榆、榆

科属 榆科（Ulmaceae）榆属（*Ulmus*）

形态特征

落叶乔木，高达 25 米。幼树树皮平滑，灰褐色或浅灰色，大树树皮暗灰色，不规则深纵裂，粗糙。小枝淡黄灰色、淡褐灰色或灰色，稀淡褐黄色或黄色，有散生皮孔，无膨大的木栓层及凸起的木栓翅。冬芽近球形或卵圆形，芽鳞背面无毛，内层芽鳞的边缘具白色长柔毛。叶椭圆状卵形、长卵形、椭圆状披针形或卵状披针形，长 2~8 厘米，宽 1.2~3.5 厘米，先端渐尖或长渐尖，基部偏斜或近对称，一侧楔形至圆，另一侧圆至半心脏形，叶面平滑无毛，叶背幼时有短柔毛，后变无毛或部分脉腋有簇生毛，边缘具重锯齿或单锯齿，侧脉每边 9~16 条，叶柄长 4~10 毫米，通常仅上面有短柔毛。花先叶开放，在上一年生枝叶腋成簇生状。翅果近圆形，稀倒卵状圆形，长 1.2~2 厘米，果核部分位于翅果的中部，上端不接近或接近缺口，成熟前后其色与果翅相同，初淡绿色，后白黄色，宿存花被无毛，4 浅裂，裂片边缘有毛，果梗较花被短，长 1~2 毫米，被（或稀无）短柔毛。花果期 3~6 月。

叶

树王

树皮

榆钱

分布范围

分布于我国东北、华北、西北及西南各省份，长江下游各省份有栽培，常生长于海拔1000~2500米以下的山坡、山谷、川地、丘陵及沙岗等处。朝鲜、俄罗斯、蒙古国也有分布。

生态习性

喜光，耐旱，耐寒，耐瘠薄、耐盐碱，不择土壤，适应性很强；根系发达，抗风，保土力强，耐修剪。因其生长快，寿命长，且能耐干冷气候及中度盐碱，常作为西北荒漠、华北及淮北平原、丘陵及东北荒山、砂地及滨海盐碱地造林或“四旁”绿化树种。

主要用途

榆树树干通直，树形高大，绿荫较浓，适应性强，生长快，是行道树、庭荫树、工厂绿化、防护林营造的重要树种。榆树耐修剪，自然成形，宜制作盆景或大树造型。榆树树皮内含淀粉及黏性物，掺于面粉中可食用。几千年来，人们将其作为制香的黏稠剂。此外，树皮也可入药，其味甘、性寒、无毒，具有利水通淋、消肿止痛、止血、安神健脾等功效。

树木文化

榆树素有“榆木疙瘩”之称，言其不开窍、难解难伐之谓。其实，不管是王榭堂前，还是百姓后院，都可见它潇潇伫立的身影。雅俗共赏的老榆木，以其坚韧的品性、厚重的性格、通达理顺的胸怀，赢得了众人的好评和赞赏。榆树在我国栽培历史悠久，作为一种分布广泛的乡土树种，早已深深地植根于中华民族思想的沃土之中，并由此衍生出承载着伤春惜春、田园隐逸、茶饭饮食等内涵的榆树文化。

在我国人民的饮食习惯里，榆钱颇具食用价值。东汉崔寔所著的《四民月令》中就记载了榆钱采收、加工、做酱、酿酒等工艺。明清时期对榆钱食用方法的描述最为详尽，如明朝记载“采取嫩叶淘净煠食，皮可磨面”“三月榆初钱，和糖蒸食之，曰榆钱糕”。清朝文人富察敦崇的《燕京岁时记》中也有关于“榆钱糕”的记载。薛宝辰在《素食说略》中更为详细地介绍了榆钱的做法：“嫩榆钱，拣去葩蒂，以酱油、料酒焯汤，颇有清味。有和面蒸作糕饵或麦饭者，亦佳。秦人以菜蔬和干面加油、盐拌匀蒸，名曰麦饭。”在现代文学中，刘绍棠先生的散文《榆钱饭》当属记述榆钱的典型。如今，榆钱的食用价值被人们不断发掘，食用方法也在不断创新，出现了如榆钱红枣粥、榆钱花沙拉、榆钱包子、榆钱花炒肉片以及榆钱蛋花汤等各式各样的新菜品。而“榆皮”，则被人们当作灾荒时期的救命口粮。关于榆树树皮的记载大多与救荒相关，如南宋王楙所著《野客丛书》中：“淮人至剥榆皮以塞饥肠，所至榆林弥望皆白”，描写民众在饥荒之年食用榆皮。元朝散曲家刘时中在《正宫・端正好・上高监司》中写到“剥榆树餐，挑野菜尝”的句子，体现了榆树本身对人类社会作出的巨大贡献。

榆树在乡间田野多见，成为田园风光的象征植物之一。陶渊明辞官归隐，用“榆柳荫后檐，桃李罗堂前”（榆柳是榆树和柳树合称）表达自己闲居乡野的怡然惬意。许多文人以质朴清新的语言、白描的手法描绘榆树的姿态，勾勒出充满和谐生活气息的田园风光图，寄托自己对现实安逸生活的向往，如“榆柳百余树，茅茨十数间”“日暮闲园里，团团荫榆柳”“十载京尘化客衣，故园榆柳识春归”等。

榆树作为意象常与“桑”合用，被赋予“日暮”“晚年”“年老体衰”等多个寓意。落日的余晖照在桑树和榆树的顶端，古人认为“桑榆”便是日落之处，于是用“桑榆”代指“日暮”。早在西汉刘安的《淮南子》中，就有“日西垂，景在树端，谓之桑榆”，此后这一寓意在许多诗词佳句中被反复使用，如“日落桑榆下，寒生松柏中”“高秋鸡犬静千家，落日桑榆空万户”等。在此基础上，“桑榆”的寓意进一步延伸，用来比喻晚年或垂老之年，如三国时期文学家曹植的《赠白马王彪》中“年在桑榆间，影响不能追”，再如“桃李春风浑过了，留得桑榆残照”，表达作者对时光飞逝的无奈，以及人在晚年的慨叹。但也有不少诗人以此表达晚年乐观豁达、老当益壮、积极进取的心态，如唐朝诗人刘禹锡在《酬乐天咏老见示》中写道“莫道桑榆晚，为霞尚满天”。

保护现状

世界自然保护联盟濒危物种红色名录（IUCN 红色名录）：无危（LC）

百木汇成林　树王聚金陵

金陵树王

榔榆

榔榆树王位于南京市高淳区淳溪街道铺头村（N 31°20′52″、E 118°55′13″）。胸径 142 厘米，树高 13 米，冠幅 18 米，枝下高 1.6 米；树龄约 150 年，健康状况良好。淳溪始建于宋朝，至今已经九百余年，历史悠久，以老街最为知名，号称“金陵第一古街”。铺头榔榆树独自默默生长而远离人们的视线，并不被众人所关注，但现世即已成为树王，堪称华丽的转身，颇有养精蓄锐、厚积薄发之意。该树周边村庄皆已拆迁搬居他处，榔榆树王也成为了村民怀念旧居的“坐标点”。

榔榆

学名 *Ulmus parvifolia* Jacq.

别名 掉皮榆、秋榆、小叶榆

科属 榆科（Ulmaceae）榆属（*Ulmus*）

形态特征

落叶乔木，或冬季叶变为黄色或红色宿存至第二年新叶开放后脱落，高达 25 米，胸径可达 1 米。树冠广圆形，树干基部有时成板状根，树皮灰色或灰褐，裂成不规则鳞状薄片剥落，露出红褐色内皮，近平滑，微凹凸不平；当年生枝密被短柔毛，深褐色。冬芽卵圆形，红褐色，无毛。叶质地厚，披针状卵形或窄椭圆形，稀卵形或倒卵形，长 1.7~8（常 2.5~5）厘米，宽 0.8~3（常 1~2）厘米，先端尖或钝，叶缘单锯齿，基部偏斜；叶面深绿色，中脉凹陷处有疏柔毛，叶背色较浅，幼时被短柔毛，后变无毛或有疏毛；叶柄长 2~6 毫米，仅上面有毛。花秋季开放，3~6 朵在叶腋簇生或排成簇状聚伞花序，花被上部杯状，下部管状，花被片 4，深裂至杯状花被的基部或近基部，花梗极短，被疏毛。翅果椭圆形或卵状椭圆形，长 10~13 毫米，宽 6~8 毫米，除顶端缺口柱

树皮

秋叶

秋叶

叶与果

头面被毛外，余处无毛，果翅稍厚，基部的柄长约 2 毫米，两侧的翅较果核部分窄，果核部分位于翅果的中上部，上端接近缺口，花被片脱落或残存，果梗较管状花被为短，长 1~3 毫米，有疏生短毛。花果期 8~10 月。

分布范围

广布于我国华北中南部、华东、中南及西南各省份，生于平原、丘陵、山坡及谷地。日本、朝鲜也有分布。

生态习性

榔榆为阳性树种，耐寒、耐热、耐旱、耐水、耐盐碱，在酸性、中性及碱性土上均能生长，但以气候温暖、土壤肥沃、排水良好的中性土壤为最适宜生境。对有害气体、烟尘等抗性较强。

主要用途

榔榆树形优美，树皮斑驳雅致，小枝婉垂，秋日叶色变红、变黄，是良好的园林绿化树种。常孤植成景，适宜种植于池畔、亭榭附近，也可配于山石之间。萌芽力强，耐修剪，可制作树桩盆景等。

榔榆木材坚硬，可供工业用材；茎皮纤维强韧，可作绳索和人造纤维。根、皮、嫩叶入药有消肿止痛、解毒治热的功效，外敷治水火烫伤；叶制土农药，可杀红蜘蛛。

树木文化

榔榆因其药用价值和观赏价值，被人们所熟知。《本草纲目》有云：“大榆二月生荚，榔榆八月生荚，可分别。”榆属植物多在春天开花，独有榔榆花开在夏秋之际，故榔榆有“秋榆”的别号。榔榆学名中的种名 parvifolia 的意思是“小叶的”，也叫小叶榆。国外称其为“Chinese elm or lacebark elm”（中国榆或花皮榆），并盛赞其为“最华美的一种榆树”。榔榆新芽初长时，娇嫩翠绿的新芽点缀在遒劲如铁的枝干上，古雅与秀润相结合，刚柔并济，独具特色。树叶长成深绿色时，配以褐色的枝条和榔榆潇洒优美的姿态，颇具古典韵味。榔榆搭配山石或紫砂盆，古色古香，正如从园林画卷中走出来的艺术品。

榔榆的花语是富裕和财富，在民间常以房后种植榆树为吉利、吉兆，风水上称为背后有靠山。

保护现状

世界自然保护联盟濒危物种红色名录（IUCN 红色名录）：无危（LC）。

百木汇成林　树王聚金陵

金陵树王

青檀

青檀树王位于南京市栖霞区燕子矶公园矶头（N 32°08′54″、E 118°48′43″）。胸径 51 厘米，树高 15 米，冠幅 8 米，枝下高 1.6 米；树龄 510 年，健康状况良好。燕子矶位于南京幕府山的东北角，号称“万里长江第一矶”，山虽不高，但山石直立江上，三面临空，极为险峻，形似燕子展翅欲飞，故名为“燕子矶”。燕子矶自古就是观赏江景的最佳去处和重要渡口，明太祖朱元璋题有《咏燕子矶》，“燕子矶兮一秤砣，长虹作竿又如何。天边弯月是钓钩，称我江山有几多。”清康熙、乾隆二帝下江南时，均在此停留，矶顶建有御碑亭，乾隆帝更是亲题“燕子矶”。青檀适应性强，尤喜生长于石灰岩山地，燕子矶的山石特性恰适其生长，矶顶生长几株古青檀，青檀树王生长健硕，仍处青壮年时期，树体形态皆为该树种的典型特征，见树王而识此树种也。

青檀

学名 *Pteroceltis tatarinowii* Maxim.

别名 檀、檀树、翼朴、摇钱树、青壳榔树

科属 榆科（Ulmaceae）青檀属（*Pteroceltis*）

形态特征

落叶乔木，树高可达 20 米。树皮灰色或深灰色，幼时光滑，老时裂成长片状剥落，剥落后露出灰绿色的内皮，树干常凹凸不圆，不规则的长片状剥落。小枝黄绿色，干时变栗褐色，被短柔毛，后渐脱落，皮孔明显，椭圆形或近圆形，冬芽卵形。叶纸质，宽卵形至长卵形，长 3~10 厘米，宽 2~5 厘米，先端渐尖至尾状渐尖，基部 3 出脉，侧脉 4~6 对，叶面幼时被短硬毛，后脱落，残留圆点，叶背淡绿，在脉上有稀疏的或较密的短柔毛，脉腋具簇生毛，其余近光滑无毛。翅果状坚果近圆形或近四方形，直径 10~17 毫米，黄绿色或黄褐色，翅宽，稍带木质，有放射线条纹，下端截形或浅心形，顶端有凹缺，果实外面常有不规则的皱纹，有时具耳状附属物，具宿存的花柱和花被，果梗纤细，长 1~2 厘米，被短柔毛。花期 3~5 月，果期 8~12 月。

幼果

叶

树干

根抱石

分布范围

分布于辽宁（大连蛇岛）、河北、山西、陕西、甘肃南部、青海东南部、山东、江苏、安徽、浙江、江西、福建、河南、湖北、湖南、广东、广西、四川和贵州等地，常生于海拔100~1500米的山谷溪边或石灰岩山地疏林中，成小片纯林或与其他树种混生。

生态习性

喜光、耐旱、耐寒，-35℃无冻梢，也耐盐碱，能在贫瘠土壤上生长，不耐水湿。根系发达，对有害气体有较强的抗性。

主要用途

树冠呈球形，树形美观，蟠龙穹枝，形态各异，秋叶金黄，季相分明，极具观赏价值。可孤植、片植于庭院、山岭、溪边，也可作为行道树成行栽植。耐干旱、瘠薄，是石灰岩山地最适宜的造林树种之一。寿命长、耐修剪，是优良的盆景树种。木材坚硬细致，可供作农具、车轴、家具和建筑用的上等木料；青檀树皮纤维为制造宣纸的主要原料。

果

树木文化

青檀文化历史悠久，早在先秦时期，青檀已出现在文学作品之中。《诗经》有云："坎坎伐檀兮，置之河之干兮，河水清且涟猗。"人们用青檀制作车轴、车轮，称之为"善木"，几乎家家户户都有种植。西汉刘安所著的《淮南子·时则训》曰："十月官司马，其树檀。"檀木可做长枪的枪柄，可见青檀对于军事的重要性。东汉造纸家蔡伦去世后，其弟子孔丹用青檀造纸为蔡伦画像，这便是后来的宣纸，现代宣纸中的"四尺丹"便是为纪念孔丹。除用材价值外，青檀还具有药用、经济、科学研究和观赏价值，其根可做根雕，晚清诗人姚燮写到"苍根老檀树，挟势相蜷连"，以形容青檀老树弯曲缠绕的气势。青檀能把根须深深地扎进岩石中，生命力极其顽强。中央军委原副主席迟浩田将军曾被青檀百折不挠的生命力所深深感动，为其亲笔题词赞道："青檀精神万岁"，并希望党员干部都要有"青檀精神"，不屈不挠、自强奋进。

青檀象征着坚忍不拔的拼搏精神、奋发有为的创业精神、甘于奉献的敬业精神和与环境共生共进的和谐精神。青檀精神是顶天立地、勇于抗争，也正是中华民族生生不息、在逆境中崛起的伟大精神。

保护现状

《中国稀有濒危保护植物名录》稀有类 3 级。

世界自然保护联盟濒危物种红色名录（IUCN 红色名录）：无危（LC）。

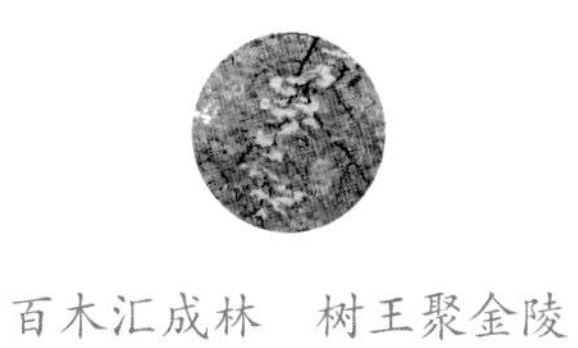

金陵树王

大叶榉树

榉树树王位于南京市高淳区淳溪街道驼头村马坳自然村（N 31°20′16″、E 118°56′34″）。胸径 85 厘米，树高 10 米，冠幅 8 米；树龄 150 年，健康状况一般。榉树树王颇为壮观，树干 2 米处以下中空形成树洞，具体形成原因不得而知，但树皮强健发达，树洞中可站立一成年人，曾经藏匿玩耍的孩童已经成为鬓白老者。任时光飞逝，但树王依旧，枝叶繁茂，见证着马坳村发生的日新月异的变化。

大叶榉树

学名 *Zelkova schneideriana* Hand.-Mazz.

别名 榉树、鸡油树、黄栀榆、大叶榆、红榉树

科属 榆科（Ulmaceae）榉属（*Zelkova*）

形态特征

乔木，高达 35 米，胸径达 80 厘米。树皮灰褐色至深灰色，呈不规则的片状剥落。当年生枝灰绿色或褐灰色，密生伸展的灰色柔毛。冬芽常 2 个并生，球形或卵状球形。叶厚纸质，大小形状变异很大，卵形至椭圆状披针形，长 3~10 厘米，宽 1.5~4 厘米，先端渐尖、尾状渐尖或锐尖，基部稍偏斜，圆形、宽楔形、稀浅心形，叶面绿，干后深绿至暗褐色，被糙毛，叶背浅绿，干后变淡绿至紫红色，密被柔毛，边缘具圆齿状锯齿，侧脉 8~15 对；叶柄粗短，长 3~7 毫米，被柔毛。雄花 1~3 朵簇生于叶腋，雌花或两性花常单生于小枝上部叶腋。核果几乎无梗，淡绿色，斜卵状圆锥形，上面偏斜，凹陷，直径 2.5~3.5 毫米，具背腹脊，表面被柔毛。花期 4 月，果期 9~11 月。

秋叶

嫩叶

树皮

幼果

花

分布范围

分布于我国陕西南部、甘肃南部、江苏、安徽、浙江、江西、福建、河南南部、湖北、湖南、广东、广西、四川东南部、贵州、云南和西藏东南部，常生于海拔200~1100米的溪间水旁或山坡土层较厚的疏林中，在云南和西藏海拔可达1800~2800米。

生态习性

喜温暖，耐轻度盐碱；石灰岩山地、中性土壤和酸性土壤等均能生长。

主要用途

树冠广阔，树形优美，叶色季相变化丰富，春叶嫩绿，夏叶深绿，秋叶黄、橙红等，观赏价值高，是人们喜爱的传统色叶树种。可孤植、丛植于公园和广场的草坪、建筑旁作庭荫树，也可与常绿树种混植作风景林，可列植人行道、公路旁作行道树，也是营造防护林和水土保持林的优良树种。

木材致密坚硬，纹理美观，不易伸缩与反挠，耐腐力强，其老树材常带红色，故有“血榉”之称，为供造船、桥梁、车辆、家具、器械等用的上等木材；树皮含纤维46%，可供制人造棉、绳索和造纸原料。

花

树木文化

榉树栽培历史悠久，具有丰富的文化内涵。古代诗人常在作品中提到榉树，如杜甫在《田舍》中写道："榉柳枝枝弱，枇杷树树香。鸬鹚西日照，晒翅满鱼梁。"宋朝诗人陆游的《园中》写道："霜凋榉柳枝无叶，风折安榴子满房。冬日园林元自好，老人怀抱自多伤。"南宋赵文在《朱湖》中也有对榉树的描述，"高低榉柳绿如苔，三两柴门傍竹开。此处定无人挟弹，青青乳燕出溪来。"

榉树寓意吉祥。因"榉"和"举"谐音，而我国古代科考有举人、举子之名，无论士绅或平民都喜欢在房前种植榉树，以求科考中举。相传，从前天门山有一秀才人家，秀才屡试屡挫，妻子恐其沉沦，与其约赌，在家门口石头上种榉树。有心者事竟成，榉树竟和石头长在了一起，秀才也最终中举归来。因"硬石种榉"与"应试中举"谐音，故木石奇缘又蕴含着祥瑞之征兆。直至今日，民间仍流传"前榉后朴"的习俗。此外，因为榉树寿命长、生长健壮，因此也寓意福泽和长寿。

榉树树形端庄大方、高大雄伟，人们认为它具有卓尔不群、超凡脱俗的品质。在现代社会也因象征着品味不凡、充满理智而深受人们喜爱。

保护现状

《国家重点保护野生植物名录》(2021)：二级。

世界自然保护联盟濒危物种红色名录（IUCN 红色名录）：近危（NT）。

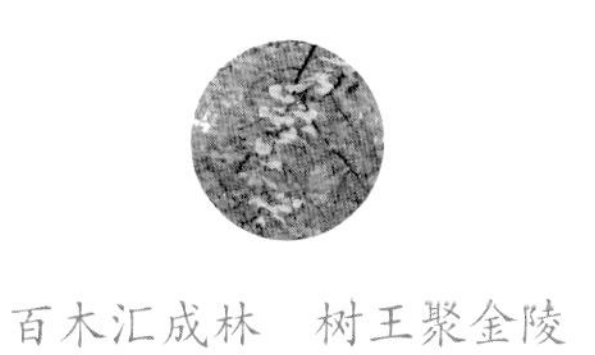

金陵树王

朴树

朴树树王位于南京市玄武区明孝陵文武方门内（N 32°03′25″、E 118°50′02″）。胸径 126 厘米，树高 25 米，冠幅 24 米，枝下高 4 米；树龄 122 年，健康状况良好。朴树树王犹如“守灵卫士”，直立文武方门边岿然不动，坚贞不渝时刻守护着明孝陵。

朴树

学名 *Celtis sinensis* Pers.

别名 黄果朴、紫荆朴

科属 榆科（Ulmaceae）朴属（*Celtis*）

形态特征

落叶乔木，高达 20 米，胸径可达 1 米，树冠扁球形。树皮灰色，平滑，幼枝有短柔毛后脱落。叶互生，叶柄长，叶片宽卵形、椭圆状卵形，长 3~9 厘米，宽 1.5~5 厘米，先端急尖至渐尖，基部圆形或宽楔形，偏斜，中部以上有粗钝锯齿，三出脉，上面无毛，下面沿叶脉及脉腋疏生毛。花杂性（两性花和单性花同株），1~3 朵生于当年枝的叶腋，花淡黄绿色；花被片 4 枚，被毛；雄蕊 4 枚，柱头 2 个。核果单生或 2 个并生，圆球形，橙红色，径 4~6 毫米，果柄与叶柄近等长，果核有穴和突肋。花期 4 月，果期 9~10 月。

分布范围

分布于山东（青岛、崂山）、河南、江苏、安徽、浙江、福建、江西、湖南、湖北、四川、贵州、广西、广东、台湾等省份，多生于海拔 100~1500 米的路旁、山坡、林缘。

秋叶

树叶

树皮

幼果

生态习性

弱喜光树种，较耐阴；耐寒，但喜温暖湿润气候；喜生于肥沃、湿润、深厚的中性土；耐旱、耐湿，并耐轻度盐碱；根系深，抗风力强。对二氧化硫和烟尘抗性强，并有较强的滞尘能力。

主要用途

朴树树体高大、雄伟，树冠宽广，树形美观，绿荫浓郁，成年后显示出古朴的树姿风貌，是优良庭荫树、行道树，可孤植或丛植，宜配置于广场，也可用作厂矿污染区绿化及防风、护堤。朴树还是优良的盆景材料，可制作成自然树形，以及直干式、斜干式、曲干式、卧干式或附石式等形态的桩景，不论是在枝叶茂盛还是叶落冬态，都能保持优美的形态。朴树果实成熟后，颜色红艳，是多种鸟类食源。在有朴树的林园或林分内，常见到树影婆娑、芳草萋萋、俊鸟飞翔、花香四溢、鸟树相依、人鸟相处的自然和谐景象。

朴树木材为环孔材，材色淡黄，年轮明显，纹理直，结构粗，材质坚硬，木材干缩率低，重量和强度中等，加工容易，切削面光滑，可供家具、建筑、枕木、农具等用。根、皮、嫩叶均可入药，有消肿止痛、解毒治热的功效；外敷治烫伤。嫩叶及果实味甘可食。广东潮汕一带的民俗食品朴积粿即是采摘朴树嫩叶制作而成，味甘质柔，且具有消食去积的功效。

树木文化

朴树是我国植物资源中重要的乡土树种，更是为广大群众所喜爱的树木之一。朴树的记载至少有3000多年历史，具有丰厚的文化底蕴和历史传统。朴树生命力顽强，树冠婆娑，明朝张羽《古朴树歌》“山前古木不知年，婆娑黛色上参天。霜柯反足斗龙虎，偃盖倒影鸣蜩蝉”把古朴树描绘得惟妙惟肖。朴树之名最早见于《诗经·大雅·棫朴》中的“芃芃棫朴，薪之槱之”。在我国古代，科举考试是改变命运的不二选择，金榜题名是所有读书人的梦想，中举做官后都有仆人跟随，“前榉后朴”是民间一种对于科举中第的美好向往，“前榉后朴”正是巧妙地运用了“举”和“仆”的谐音。与此同时，这种汉语言艺术和文化传统也影响到了庭院绿化，“前榉后朴”也逐渐成为南派传统园林的一种形式。

朴树寓意着美好、朴实无华以及思念。郑继明诗云：“异域江边朴树高，令吾追忆故园遥。故乡朴仔今何在，带走童年梦里梢。”游子远去，老人往往赠送一盆朴树，既饱含对孩子的思念之情，又好似嘱托孩子勿忘故土，因此，朴树也被称为“相思树”。

保护现状

世界自然保护联盟濒危物种红色名录（IUCN红色名录）：无危（LC）。

百木汇成林　树王聚金陵

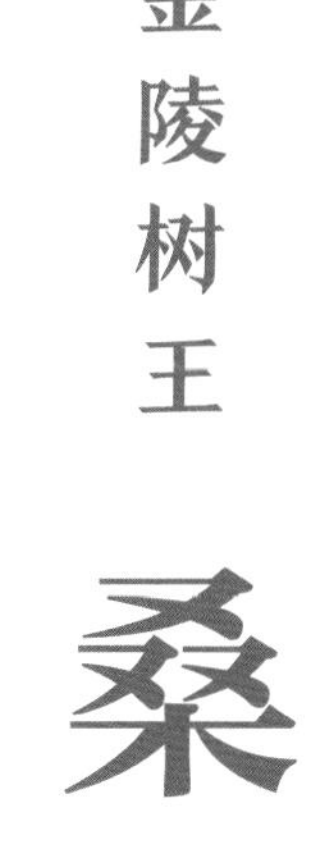
金陵树王
桑

桑树王位于南京市玄武区明孝陵碑亭（N 32°03′27″、E 118°50′06″）。胸径94厘米，树高9米，冠幅6米；树龄150年，健康状况良好。蚕桑文化是我国传统文化的重要组成部分，其奉献和勤奋精神相互交融。长于明孝陵中的桑树王，或为自然天成，却恰到好处。明朝作为蚕桑文化的鼎盛时期，留下了诸多美好的回忆，以树讲史，或为皇陵教育的另一种形式。南京即是蚕桑生产的代表性城市，也是蚕桑贸易的重要城市，如南京云锦是我国具有代表性的丝绸织造工艺，江宁织造更是明清时的江南丝绸产业的皇商。南京作为海上丝绸之路的重要港口，历史可以追溯至六朝时期，当时的建康都城是中国与东亚、东南亚、西亚等交流的重要城市。明永乐朝时的南京正是郑和下西洋的造船基地和始发港，南京也由此见证了海上丝路最后的辉煌。

桑

学名 *Morus alba* L.

别名 桑树、家桑、蚕桑、黄桑

科属 桑科（Moracea）桑属（*Morus*）

形态特征

落叶乔木或灌木，高3~10米或更高，胸径接近1米。树皮厚，灰色，具不规则浅纵裂。冬芽红褐色，卵形，芽鳞覆瓦状排列，灰褐色，有细毛。小枝有细毛。叶卵形或广卵形，长5~15厘米，宽5~12厘米，先端急尖、渐尖或圆钝，基部圆形至浅心形，边缘锯齿粗钝，有时叶为各种分裂，表面鲜绿色，无毛，背面沿脉有疏毛，脉腋具簇生毛；叶柄长1.5~5.5厘米，具柔毛。花单性，腋生或生于芽鳞腋内，与叶同时生出；雄花序下垂，长2~3.5厘米，密被白色柔毛。雌花序长1~2厘米，被毛，总花梗长5~10毫米，被柔毛，雌花无梗，无花柱，柱头2裂，内面有乳头状凸起。聚花果卵状椭圆形，长1~2.5厘米，成熟时红色或暗紫色。花期4~5月，果期5~8月。

果

秋叶

树皮

叶

分布范围

原产我国中部和北部，现由东北至西南各省份，西北直至新疆均有栽培。朝鲜、日本、蒙古国、中亚各国、俄罗斯、欧洲等地以及印度、越南亦均有栽培。

生态习性

喜温暖湿润气候，稍耐阴。气温12℃以上开始萌芽，生长适宜温度25~30℃，超过40℃则生长受到抑制，降到12℃以下则停止生长。耐干旱，不耐涝，耐瘠薄。对土壤的适应性强，在酸性、盐碱土中均能正常生长。

主要用途

桑树冠宽阔，枝叶茂密，秋季叶色变黄，颇为美观。滞尘且能吸收二氧化硫，抗性强，适于城市、工矿区及农村“四旁”绿化。耐修剪，可修剪成不同景观造型。此外，桑树对重金属具有一定的耐受和富集能力，可用于治理农田重金属污染。

桑叶可饲养家蚕；果实（桑葚）营养丰富，富含果糖、纤维素和维生素等营养物质，可食用或制作饮品；桑叶、桑葚、桑根以及桑树皮均可入药。桑叶中富含蛋白质、碳水化合物、脂肪、纤维素及矿物质，是畜禽的优良饲料。

树木文化

约在5000年以前，我国先民就在中原大地上栽植桑树，殷商时期的甲骨文中已有“桑”

字。种桑养蚕是古代农业的重要支柱，蚕桑文化也是东亚农耕文明的成熟标志之一。最早兴起于秦汉时期的丝绸之路就是以丝绸交易为初衷，连接我国和西方的主要商路。

桑蚕对于我国古代经济具有重要影响，在文学和美学方面同样具有重要价值。《诗经・小雅・小弁》中“维桑与梓，必恭敬止”。说庭前桑梓为父母所植，务必保持恭敬，后人就常以“桑梓”指代故乡。汉乐府《陌上桑》中“秦氏有好女，自名为罗敷。罗敷喜蚕桑，采桑城南隅。青丝为笼系，桂枝为笼钩”，通过刻画罗敷采桑的神态表现了她的美丽、善良、勤劳。唐朝孟浩然《过故人庄》中也提到桑：“故人具鸡黍，邀我至田家。绿树村边合，青山郭外斜。开轩面场圃，把酒话桑麻。待到重阳日，还来就菊花。”宋朝诗人陆游也写下了许多关于桑树的诗句，“洲中未种千头橘，宅畔先栽百本桑”“郁郁林间桑椹紫，芒芒水面稻苗青”等。

桑树叶片青绿，富有生机，适应能力较强，象征着生命和繁殖力，人们把它视为“灵木”，寓意为永不休止、顽强和坚守。

保护现状

世界自然保护联盟濒危物种红色名录（IUCN 红色名录）：未予评估（NE）。

百木汇成林　树王聚金陵

金陵树王

枫杨

枫杨树王位于南京市鼓楼区南京师范大学随园校区（N 32°03′20″、E 118°45′54″）。胸径 178 厘米，树高 20 米，冠幅 19 米；树龄 120 年，健康状况良好。古色古香的随园建筑群，伴生着潇洒倜傥的枫杨古树，绿色的身躯映衬出建筑的古朴色调，一串串果实如风铃般摇曳多姿，树下走过谈笑风生的学子，别有一番意境，自然、建筑和人的完美组合。

枫杨

学名 *Pterocarya stenoptera* C. DC.

别名 麻柳、蜈蚣柳、大叶柳、大叶头杨树

科属 胡桃科（Juglandaceae）枫杨属（*Pterocarya*）

形态特征

落叶大乔木，高达 30 米，胸径 1 米以上。幼树树皮平滑，浅灰色，老时深纵裂。小枝灰色至暗褐色，具灰黄色皮孔。芽具柄，密被锈褐色盾状着生的腺体。叶多为偶数或稀奇数羽状复叶，长 8~16 厘米（稀达 25 厘米），叶柄长 2~5 厘米，叶轴具翅至翅不甚发达；小叶 10~16 枚（稀 6~25 枚），无小叶柄，对生或近对生，长椭圆形至长椭圆状披针形，长 8~12 厘米，宽 2~3 厘米，顶端常钝圆或稀急尖，基部歪斜，上方一侧楔形至阔楔形，下方一侧圆形，边缘有向内弯的细锯齿。雄性柔荑花序长 6~10 厘米，单独生于上一年生枝条上叶痕腋内。雌性柔荑花序顶生，长 10~15 厘米，雌花几乎无梗，苞片及小苞片基部常有细小的星状毛，并密被腺体。果序长 20~30 厘米，果实长椭圆形，长 6~7 毫米，基部常有宿存的星状毛；果翅狭，条形或阔条形，长 12~20 毫米，宽 3~6 毫米。花期 3~4 月，果熟期 9~10 月。

树皮

花序

羽状复叶

幼果

分布范围

产于我国陕西、河南、山东、安徽、江苏、浙江、江西、福建、台湾、广东、广西、湖南、湖北、四川、贵州、云南等省份，生于海拔 1500 米以下的沿溪涧河滩或阴湿山坡地的林中。

生态习性

喜光树种，不耐荫庇。耐水湿，但不耐长期积水和水位太高之地。喜深厚肥沃湿润的土壤，以雨量比较多的暖温带和亚热带气候较为适宜。深根性树种，主根明显，侧根发达，萌芽力很强。对二氧化硫及氯气的抗性弱。

主要用途

枫杨树体高大，树干通直粗壮，树冠丰满开展，枝叶茂盛，绿荫浓密，叶色鲜亮艳丽，形态优美典雅。挂果期为 4~11 月，长达半年之久；果实颜色随生长期及季节变化而变化，由浅绿、嫩绿直至发黄，观赏价值高。常用作行道树、庭院树等，也是固堤护岸、涵养水源、保持水土及防风的优良树种。

木材色白、质轻、易加工，可制火柴杆、农具、家具等；皮、叶、根中均含有大量鞣质，可用于治疗创伤、灼伤、神经性皮炎，具有抑菌消炎、祛风止痛、清热解毒的功效。

果序

翅果

树木文化

枫杨是一种很普通的树种，朴实无华，生命力极强，在乡间、田野、河岸、溪边等地都随处可见，颇有乡土气息。翠绿而茂密的枫杨点缀在乡野田畴，沐晨风、披朝露，欣欣向荣、闲散自由。无论是否有人欣赏礼赞，它们都静默地挺立着，站成自己的风景，活出独特的野趣。作为速生的乡土树种，枫杨与乡村结下了不解之缘，已成为乡村的一个标记与寄托，寓意吉祥、朴实无华、坚毅不屈。乡村往往流传着由古枫杨衍生出来的传奇故事，如守卫村子的“神树”、带来祥瑞的“风水宝树”等，表现了村民对枫杨的喜爱和敬畏。

枫杨是童年回忆中的常客，见证了无数乡间儿童简单而纯粹的快乐。春天枫杨细枝上的皮可用来做哨子，初夏树上挂着一串串项链般的果实和盛夏叫嚷不停的知了。孩子们在树下跳皮筋、捉迷藏，嬉戏打闹中的欢声笑语都与枫杨有关。枫杨也是文人常用的乡愁意象。当代作家苏童在“枫杨树”系列小说《飞越我的枫杨树故乡》等作品中，用回忆碎片塑造了一个生动的“枫杨树”故乡，深入思考了血脉沉淀和社会变迁，从而探寻精神之“根”。

枫杨的花语是质朴、力争上游、留住记忆。

保护现状

世界自然保护联盟濒危物种红色名录（IUCN 红色名录）：未予评估（NE）。

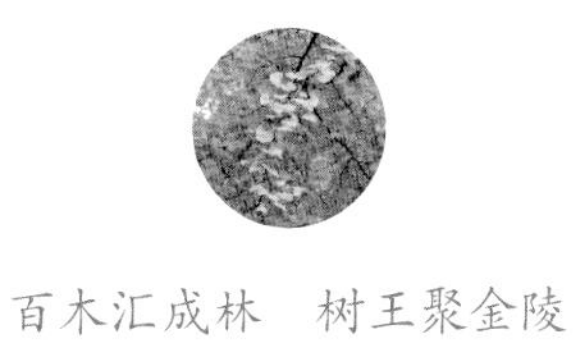

百木汇成林　树王聚金陵

金陵树王

美国山核桃

美国山核桃树王位于南京市六合区雄州街道灵岩山灵岩禅寺门口（N 32°18′03″、E 118°52′59″）。胸径 77 厘米，树高 18.5 米，冠幅 11.5 米，枝下高 7 米；树龄约 100 年，健康状况良好。灵岩禅寺在佛教界具有较大影响力，追溯历史最早可达唐朝咸通年间，但寺庙饱经沧桑，多次毁于战火，现寺庙于 2002 年后重建。庙门口生长的美国山核桃约有七八株，树龄一致，种植有序，推测这些树木为南京早期引种美国山核桃时分栽而来。

美国山核桃

学名 *Carya illinoensis* (Wangenh.) K. Koch

别名 薄壳山核桃、碧根果

科属 胡桃科（Juglandaceae）山核桃属（*Carya*）

形态特征

落叶大乔木，高可达 50 米，胸径可达 2 米。树皮粗糙，深纵裂。芽黄褐色，被柔毛，芽鳞镊合状排列。小枝被柔毛，后来变无毛，灰褐色，具稀疏皮孔。奇数羽状复叶长 25~35 厘米，叶柄及叶轴初被柔毛，后几乎无毛，具 9~17 枚小叶；小叶具极短的小叶柄，卵状披针形至长椭圆状披针形，有时成长椭圆形，通常稍成镰状弯曲，长 7~18 厘米，宽 2.5~4 厘米，基部歪斜、阔楔形或近圆形，顶端渐尖，边缘具单锯齿或重锯齿，初被腺体及柔毛，后来毛脱落而常在脉上有疏毛。雄性柔荑花序 3 条 1 束，几乎无总梗，长 8~14 厘米，自去年生小枝顶端或当年生小枝基部的叶痕腋内生出；雌性穗状花序直立，花序轴密被柔毛，具 3~10 雌花。雌花子房长卵形，总苞的裂片有毛。果实矩圆状或长椭圆形，长 3~5 厘米，直径 2.2 厘米左右，有 4 条纵棱，外果皮 4 瓣裂，革质，内果皮平滑，灰褐色，有暗褐色斑点，顶端有黑色条纹。花期 5 月，果期 9~11 月。

种子

雄花

树皮

果实

分布范围

原产北美密西西比河河谷及墨西哥。20 世纪初由美国开始引入我国，北至北京、南至海南岛、东起东部沿海、西至云南均有栽培。近年来，江苏、浙江、安徽、江西、云南等地作为木本油料树种大量推广种植。

生态习性

喜光、喜温暖湿润气候，最适宜生长在年平均温度 15~20℃、年降水量 1000~2000 毫米地带。适生于平原及河谷深厚疏松排水良好富含腐殖质的砂壤土及冲积土中，稍耐水湿，不耐干旱贫瘠。在微酸性、中性及微碱性土壤上均能生长，耐轻度盐碱。深根性，根部有菌根共生。

主要用途

美国山核桃为世界著名的果材兼用树种，已被我国列为重点发展的木本粮油树种。高产、优质，坚果壳薄易剥，核仁肥厚，口感好，无涩味，含 11% 蛋白质、13% 碳水化合物，还含有各种对人体有益的氨基酸及维生素 B1、B2 等，营养价值高，作为干果食用和榨油均可，被誉为“长寿之果”。

美国山核桃树干通直、材质坚实、纹理细致、富有弹性、不易翘裂，为制作家具的优良材料。树形优美，树姿雄伟壮丽，根深叶茂，但作为外来树种，发现在南京等地易受透翅蛾

羽状复叶

雌花

和天牛危害并逐年加重而导致树木死亡，因此不宜在城乡绿化中大量种植，更不适宜作生态绿化树种。

树木文化

美国山核桃作为外来树种，引入我国仅有 120 年左右，蕴含的中国文化元素较少，坊间多以“碧根果”而知悉该树种。但在原产地，该树种的名气和树木寓意却较为深厚。早在欧洲人移居美洲前，美国山核桃一直是土著印第安人的主要经济林木。美国山核桃木材硬度高居北美木材榜首，被誉为“北美硬木之王”，拥有淡雅却显华贵的纹理，色泽温润而美观，散发着淡淡香味。作为一种古老的树木，美国山核桃树拥有 7000 万年的历史，从白垩纪时期便一直伫立在北美洲，见证了美洲大陆的沧海桑田、世纪变迁，因其材质硬度大也被视为美国精神中勇敢不屈的象征。除了历史悠久外，美国山核桃在原产地寿命可达百年以上，也因此被誉为“长寿果”树。悠久的历史、坚硬的木质、不屈不挠的精神内涵和美好的寓意让美国山核桃在美洲有很高的地位。美国第三任总统托马斯·杰斐逊曾把它作为礼物送给美国“国父”——乔治·华盛顿。

在美国，山核桃木家具和工艺品历来是高雅和富贵的象征，1919 年该树种被定为德克萨斯州的州树。

保护现状

世界自然保护联盟濒危物种红色名录（IUCN 红色名录）：未予评估（NE）。

百木汇成林　树王聚金陵

金陵树王

麻栎

麻栎树王位于南京市六合区竹镇镇大泉村牡丹园（N 32°34′10″、E 118°38′56″）。胸径 73 厘米，树高 19 米，冠幅 18 米，枝下高 3 米；树龄约 100 年，健康状况良好。麻栎树王与土地庙相伴，难以探究是就树建庙，还是因庙种树，对庙的崇敬和对树的敬仰的有机结合体现了中国传统文化中的“折中”精神，热爱自然万物和崇尚人文情怀相互交织在一起，而今树王之下大量种植“花中二绝”牡丹和芍药，增添了更多的情趣。

麻栎

学名 *Quercus acutissima* Carruth.

别名 栎、橡碗树

科属 壳斗科（Fagaceae）栎属（*Quercus*）

形态特征

落叶乔木，高可达 30 米。树皮深灰褐色，深纵裂。幼枝被灰黄色柔毛，后渐脱落，老时灰黄色，具淡黄色皮孔。冬芽圆锥形，被柔毛。叶片形态多样，通常为长椭圆状披针形，长 8~19 厘米，宽 2~6 厘米，顶端长渐尖，基部圆形或宽楔形，叶缘有刺芒状锯齿，叶片两面同色，幼时被柔毛，老时无毛或叶背面脉上有柔毛，侧脉每边 13~18 条；叶柄长 1~3（5）厘米，幼时被柔毛，后渐脱落。花分雌雄，小而聚集。雄花序常数个集生于当年生枝下部叶腋，有花 1~3 朵；壳斗杯形，包裹着坚果约 1/2，连小苞片直径 2~4 厘米，高约 1.5 厘米；小苞片钻形或扁条形，向外反曲，被灰白色茸毛。坚果卵形或椭圆形，直径 1.5~2 厘米，长 1.7~2.2 厘米，顶端圆，果脐凸起。花期 3~4 月，果期翌年 9~10 月。

叶与果

嫩叶与花

树皮

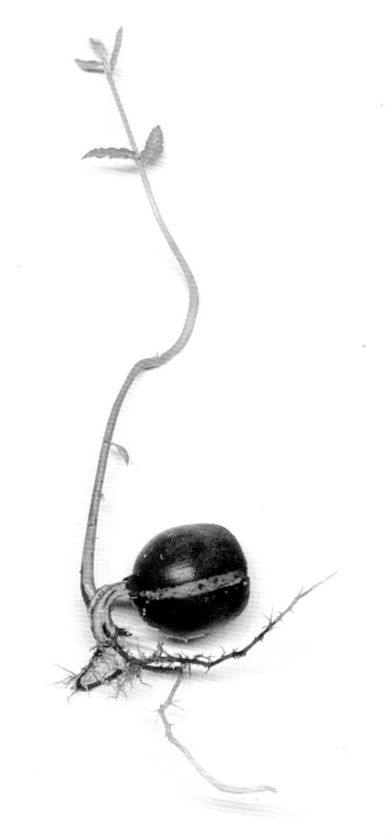

种子萌发

分布范围

分布于辽宁、河北、山西、山东、江苏、安徽、浙江、江西、福建、河南、湖北、湖南、广东、海南、广西、四川、贵州、云南等省份，生于海拔60~2200米的山地阳坡，成小片纯林或混交林。朝鲜、日本、越南、印度也有分布。

生态习性

喜光，深根性，多生于山地阳坡。对土壤条件要求不严，在湿润、肥沃、深厚、排水良好的砂壤土上生长迅速，在干旱瘠薄的土壤也能生长；喜酸性土壤，也耐石灰岩钙质土，耐寒、耐旱，不耐水湿和盐碱，是荒山瘠地造林的先锋树种，与其他树种混交能形成良好的干形。萌芽力强，但不耐移植。抗火、抗尘、抗风，对二氧化硫、氯气、氟化氢抗性较强，是营造防风林、防火林、水源涵养林的优良树种。

主要用途

麻栎树形高大，树干通直，树冠伸展，浓荫葱郁，叶色秋季变黄；因其根系发达，适应性强，可作庭荫树、行道树，若与枫香、苦槠、青冈等混植，可营造风景林。

麻栎木材为环孔材，边材淡红褐色，心材红褐色，材质坚硬，纹理直或斜，耐腐朽，供坑木、桥梁、家具、地板等用材；叶含蛋白质13.58%，可饲柞蚕；种子含淀粉56.4%，可作饲料和工业用淀粉；壳斗、树皮可提取栲胶；果实及树皮、叶均可入药。

树木文化

果实

麻栎是地球上古老树种之一，存在了 6000 多万年，是常见的乡土树种。自古以来"栎"就出现于各类古籍、方志以及诗词当中，有人认为古之栎树特指如今的麻栎。"山有苞栎，隰有六驳"，这是《诗经·国风·秦风》里的诗句，描述的是西北大秦之地的山上长着茂密的栎林；再如唐朝蒋吉所写"马转栎林山鸟飞，商溪流水背残晖"，等等。

麻栎随着时节变换自己的面貌，为大自然的画卷增光添彩，给人们带来美的享受。春来满枝迎风吐绿，花序柔软而下垂，像扎着一头小辫子。麻栎常常生长在丘陵或深山里，暴霜露、战风雪而静默无言，叶茂枝繁、枝干粗壮有力，象征着蓬勃旺盛、坚忍不拔的生命力。粗枝可做栋梁，小枝可做薪柴，果实可入药，麻栎千百年来的奉献让人们感动。麻栎适应性强，在荒山野岭甚至石头山也能生长，是当之无愧的先锋树种。

著名诗人舒婷的《致橡树》中以麻栎象征男性伟岸挺拔、刚强不屈、锋芒锐利的阳刚气概。诗人借此树表达了自己炙热而理性的追求，同时也是一代人的追求、一代人的精神气质。麻栎象征着希望、追求、憧憬和梦想。

保护现状

世界自然保护联盟濒危物种红色名录（IUCN 红色名录）：未予评估（NE）。

百木汇成林　树王聚金陵

金陵树王

小叶栎

小叶栎树王位于南京市高淳区阳江镇关王村中社（N 31°17′03″、E 118°44′30″）。胸径 68 厘米，树高 15 米，冠幅 9 米，枝下高 5.5 米；树龄约 60 年，健康状况良好。池塘旁边小栎树，树冠浑圆叶翠绿，自成一景。

小叶栎

学名 *Quercus chenii* Nakai

别名 苍落、黄栎树

科属 壳斗科（Fagaceae）栎属（*Quercus*）

形态特征

落叶乔木，高达 30 米。树皮黑褐色，纵裂。小枝较细。叶片宽披针形至卵状披针形，长 7~12 厘米，宽 2~3.5 厘米，顶端渐尖，基部圆形或宽楔形，略偏斜，叶缘具刺芒状锯齿，幼时被黄色柔毛，成熟叶两面无毛，或仅背面脉腋有柔毛，侧脉每边 12~16 条；叶柄长 0.5~1.5 厘米。雄花序长 4 厘米，花序轴被柔毛。壳斗杯形，包着坚果约 1/3，径约 1.5 厘米，高约 0.8 厘米，壳斗上部的小苞片线形，长约 5 毫米，直伸或反曲；中部以下的小苞片为长三角形，长约 3 毫米，紧贴壳斗壁，被细柔毛。坚果椭圆形，直径 1.3~1.5 厘米，长 1.5~2.5 厘米，顶端有微毛；果脐微凸起，径约 5 毫米。花期 3~4 月，果期翌年 9~10 月。

种子与叶

嫩叶

树皮

花序

分布范围

分布于江苏、安徽、浙江、江西、福建、河南、湖北、湖南、四川等省份，生于海拔600米以下的丘陵地区，成小片纯林或与其他落叶阔叶树组成混交林。

生态习性

喜光，生长速度中等，在中性至酸性的深厚肥沃土壤中长势旺盛。多生于阳坡，在混交林中多居于林冠上层。

主要用途

小叶栎是我国特有的落叶栎类，木材密度大且抗压强度和硬度高，是优良的硬质用材树种；其根系发达，萌芽力强，耐干旱瘠薄，木材热值高，是优良的水土保持树种和再生能源树种；结实量大，栎实含淀粉63.1%、单宁7.8%、蛋白质5.8%，是动物的重要食源。小叶栎树体挺拔，可用作庭荫树、行道树。

树木文化

作为常见的薪炭材树种，小叶栎与劳动人民的生活密切相关。烧柴火灶的农家小院里，一捆捆伐好的柴、一缕缕袅袅升起的炊烟、一盘盘香喷喷的菜肴，都离不开小叶栎的默默奉献。在壮溪的散文《苗寨往事》中，“烧炭打葛”是湘西苗寨的传统农事，“进入深秋，两边的沟坎上，密匝匝、光秃秃的黄栎木，碗口胳膊粗细，树皮斑驳，枝丫上举……都是烧炭客垂涎的炭柴。”小叶栎哺育一方人民，也深受人们喜爱和尊敬。纳西族人过春节时，祭天的习俗最为重要。在神圣的祭天仪式上，有时以两棵黄栎树象征天神之子劳阿普与天神之妻衬恒阿祖，两树分植于祭坛正中两边，在树下还插两根树枝象征纳西族始祖崇仁利恩夫妇。人们高吟祈福经文，向诸神跪拜献酒，祈求福泽。此时的黄栎树，承载着人们对神明、祖先的敬畏和美好的精神寄托。

小叶栎树干挺拔，在“人间四月芳菲尽”时，它仍然青翠茂密，极具观赏价值。小叶栎的果实常常成为松鼠和鸟类的食物，它是美化生态环境、增加生物多样性的“使者”。作家小引在文章中写道：“小叶栎在4月初还嫩绿着，有小须状的东西在风中悬垂，到了10月，上面会长出椭圆形的坚果，类似《冰河世纪》的开头松鼠搬的那颗榛果，但不能吃，吃了会拉肚子。”

小叶栎象征思乡、祈福以及无私奉献，作为一种乡土树种，它们扎根在故乡的土地上，也扎根在了许多客居他乡之人的回忆里。

保护现状

世界自然保护联盟濒危物种红色名录（IUCN红色名录）：无危（LC）。

百木汇成林　树王聚金陵

金陵树王

白栎

科

白栎树王位于南京市高淳区固城街道漕塘医院（N 31°15′21″、E 118°59′43″）。胸径 72 厘米，树高 10 米，冠幅 5 米，枝下高 2.3 米；树龄 300 年，健康状况良好。固城和漕塘的历史非常悠久，固城素有“高淳第一城”之说，固城的历史可以追溯至公元前 541 年，吴王余祭在固城夯筑土城时称“濑渚邑”，后楚王攻城后加固城墙，称之为“固城”，地名由此产生。固城的兴衰离不开吴国大夫伍子胥，“战血淋漓洒固城，子胥当日复平陵。千载雪耻应无恨，何用涛声作怨声”。宋词所言正是伍子胥率领吴国大军荡平固城之事。攻克固城后，伍子胥组织开胥河、浚中江、通粮道，水运业开始兴起，漕塘河即为胥河的主要支流之一，这也就成为“漕塘”地名的来历。白栎作为古老的树种，尤其该树的食用价值、材用价值优等，古人种植亦不足为奇。白栎树王现仍硕果累累，秋叶变化颇有意味，令人叹为观止。

白栎

学名 *Quercus fabri* Hance

别名 小白栎、栗子树、白紫蒲树、米青冈、土青冈

科属 壳斗科（Fagaceae）栎属（*Quercus*）

形态特征

落叶乔木，稀灌木状。树皮灰褐色，深纵裂。小枝密生灰色至灰褐色茸毛。冬芽卵状圆锥形，芽长 4~6 毫米，芽鳞多数，被疏毛。叶片倒卵形、椭圆状倒卵形，长 7~15 厘米，宽 3~8 厘米，顶端钝或短渐尖，基部楔形或窄圆形，叶缘具波状锯齿或粗钝锯齿，幼时两面被灰黄色星状毛，侧脉每边 8~12 条，叶背支脉明显；叶柄长 3~5 毫米，被棕黄色茸毛。雄花序长 6~9 厘米，花序轴被茸毛，雌花序长 1~4 厘米，生 2~4 朵花，壳斗杯形，包着坚果约 1/3，直径 0.8~1.1 厘米，高 4~8 毫米；小苞片卵状披针形，排列紧密，在口缘处稍伸出。坚果长椭圆形或卵状长椭圆形，直径 0.7~1.2 厘米，高 1.7~2 厘米，无毛，果脐凸起。花期 4 月，果期 10 月。

树王

种子

叶子

树皮

分布范围

分布于陕西（南部）、江苏、安徽、浙江、江西、福建、河南、湖北、湖南、广东、广西、四川、贵州、云南等省份，生于海拔 50~1900 米的丘陵、山地杂木林中。

生态习性

喜光，喜温暖气候，较耐阴，也较耐干旱、瘠薄。深根性，萌芽力强，在湿润肥沃深厚、排水良好的中性至微酸性砂壤上生长最好，排水不良或积水地不宜种植；与其他树种混交能形成良好的干形。抗污染、抗尘、抗风能力较强。白栎是我国温带、暖温带地区落叶阔叶林和针阔混交林优势树种之一，也是所在分布区森林建群种之一。

主要用途

白栎为长寿树种，其树体雄伟，冠大荫浓。在秋天，它的叶子会因为季节的变化展现出不一样的美，无论孤植还是丛植、群植，都具有很高的观赏性。另外，白栎可营造薪炭林和生态林。它的木材坚硬，花纹美观，耐磨耐腐，可供家具、装修、车辆等用材。果实无毒，淀粉含量高达 47.0%，达到淀粉的食用标准，是一种传统的野生木本粮食资源。嫩叶可饲养柞蚕。

树木文化

白栎是世界上最为古老的树种之一，早在 6000 多万年前就已经有它的存在。先秦以前已经把白栎视为圣树、社树。白栎也是栎树的一种，其果实的下方生有一个碗状的壳，与鼓形相似。古时“乐”字原指声音之统称，篆书“乐”字形如木架之上端放着鼓，栎树由此得名。举行祭祀活动时，人们会在白栎树下载歌载舞，因此白栎也就成为音乐的象征。因其剥去果实之后余下的空壳像盛粮食所用的斗，所以称此壳为“斗”，古称“象斗”，后来讹传为“橡斗”，自汉朝之后常被称为“橡实”或“橡子”，明清时栎树被笼统地称为“橡树”。在我国湖北一直流传着这样一句谚语：“不用栎树无好火，唯有栎粉称好粉”，“栎粉”指的就是白栎果实所碾磨成的粉。我国古人很早以前就开始食用白栎种实，《庄子 · 盗跖》说上古之民“昼拾橡栗，暮栖木上”。唐朝时食用栎实已经比较普遍，“秋深橡子熟，散落榛芜冈。伛偻黄发媪，拾之践晨霜”。安史之乱时，杜甫逃难至甘肃，一家老小在山中捡拾白栎子为生，杜甫写下了苦闷的诗句：“岁拾橡栗随狙公，天寒日暮山谷里”。福建食用白栎种实的方式更为多样，闽西北地区将白栎用于制作豆腐，闽东地区则将白栎果实制成粉丝，尤其在屏南县，白栎粉丝也称为“鸳鸯面”，是当地的一个特色美食。

白栎树树体挺拔、木材坚硬，在干旱贫瘠的土地上也能茂盛生长，因此还是力量和耐力的象征。

保护现状

世界自然保护联盟濒危物种红色名录（IUCN 红色名录）：无危（LC）。

百木汇成林　树王聚金陵

金陵树王

南京椴

南京椴树王位于南京市江宁区东善桥林场东坑分场（N 31°44′15″、E 118°41′57″）。胸径 110 厘米，树高 18 米，冠幅 18 米，枝下高 2.5 米；树龄约 200 年，健康状况一般。南京椴因最早发现于南京而获名“南京椴”。南京椴天然分布于山谷、山凹或溪流两侧，东善桥林场东坑分场的椴树王生长在山坡上，推测该树王为早期人为种植。打探当地老林工获悉，树王附近原有寺庙，人为种植“菩提树”实属正常，椴树王树体魁梧，树皮苍老，为至今为止我国发现最大的南京椴。树王周边亦有少量“子孙”陪伴，大者胸径也已经超过 60 厘米，树龄超过百年。

南京椴

学名 *Tilia miqueliana* Maxim.
别名 白椴、密克椴、菩提树
科属 椴树科（Tiliaceae）椴树属（*Tilia*）

形态特征

落叶乔木，树高可达 40 米，胸径近 1 米。树皮灰白色。嫩枝有黄褐色茸毛，顶芽卵形，被黄褐色茸毛。单叶互生，叶片卵圆形或三角卵圆形，长 9~12 厘米，宽 7~9.5 厘米，顶端短渐尖，基部偏斜心形或截形，表面近无毛，背面有灰色星状毛，侧脉 6~8 对，叶边缘有粗刺状锯齿；叶柄长 3~4 厘米，圆柱形，嫩时有毛，后近无毛；托叶色红，早落。聚伞花序长 6~8 厘米，有花 3~12 朵，花序柄被灰色茸毛；花柄长 8~12 毫米；花苞片狭窄倒披针形或长匙形，长 8~12 厘米，宽 1.5~2.5 厘米，表面脉腋有星状毛，背面密生星状毛，先端钝，基部狭窄，下部 4~6 厘米与花序柄合生，有短柄，柄长 2~3 毫米，有时无柄；萼片长 5~6 毫米，被灰色毛；花瓣比萼片略长；退化雄蕊花瓣状，较短小；雄蕊比萼片稍短；子房有毛，花柱与花瓣平齐；花基数 5，子房 5 室，每室两胚珠。坚果状核果，不开裂，被星状柔毛，有小凸起，基部可见裂痕，种子 1~3 颗，但种实饱满度不及 30%。花期 5 月下旬至 6 月上旬，果期 9~10 月。

花

树皮

叶

果

苞片与果

分布范围

产于江苏、浙江、安徽、江西，北京、上海、青岛等地有引种栽培。日本、北美和欧洲等国家均有引种。

生态习性

喜温暖湿润气候，适应能力强，耐干旱瘠薄，对土壤具有改良作用；耐碱但不耐盐。幼苗枝梢在北京冬季易遭受冻害，但施以防寒保护可使其安全越冬，防冻能力也将伴随树木生长而增强。对烟尘和有害气体抗性强；叶片宽大，被覆柔毛，可以起到良好的滞尘效果。

主要用途

南京椴属于世界四大阔叶行道树（榆属、椴树属、悬铃木属、七叶树属）树种之一。树形美观，姿态雄伟，叶大荫浓，寿龄长，花芳香馥郁，病虫害少，对烟尘及有害气体抗性强，是优良的园林观赏树种，适宜公园、庭院作绿荫树、园景树及行道树种植，亦适宜工矿区绿化。因耐修剪，树冠可以修成漂亮的树篱和各种造型树。木材色白轻软，纹理致密通直，有绢丝光泽，甚为美丽，富有弹性，不翘裂，易加工，着色性好，可供建筑、家具、造纸、雕刻、细木工等用材。由于木材无特殊气味，常被制作成菜板、木桶、蒸笼等。韧皮纤维发达，出麻率高达 39.6%，俗称“椴麻”，可供作人造棉、绳索及编织之用。南京椴花香馥郁，是大乔木中为数不多的香花树种。

佛珠

花茶

2010年，南京林业大学开发南京椴叶茶和花茶，其花茶有镇静、发汗、镇痉、解热、促睡眠之功效。花及树皮均可入药，花含挥发油（金合欢醇）、黏液质、鞣质、色素、维生素等；茎皮含鞣质、脂肪、蜡及果胶等，主要用于治疗劳伤失力初起、久咳等症状。南京椴花量大，是酿造高级蜂蜜的优良蜜源，古代椴树便被称为“糖树”，现代椴树林更被称作“绿色糖厂”。南京林业大学最新研究，南京椴叶富含蛋白质、纤维、脂肪、黄酮等，是优质饲料。

树木文化

南京椴与佛教文化有很深的渊源，是汉化的“菩提树”。“菩提”一词为古印度语（即梵文）Bodhi的音译，意思是觉悟、智慧，用以指人如梦初醒、豁然开朗、顿悟真理，达到超凡脱俗的境界。唐朝初年，僧人神秀与慧能对偈，写下“身是菩提树，心如明镜台。时时勤拂拭，莫使惹尘埃”和“菩提本无树，明镜亦非台。本来无一物，何处惹尘埃”的诗句。这对偈以物表意，借物论道，充满哲理，流传甚广，也使菩提树名声大振。佛教一直都视印度菩提树为圣树，是桑科乔木树种，但我国大部分地区不能生长。自隋朝以来，南京椴就被作为汉化的“菩提树”，许多寺庙古刹周边常种植南京椴，如南京的牛首山、安徽的皇藏峪和浙江天台宗等，足以说明南京椴在佛教历史文化中的地位。受中国佛教文化影响，荣西禅师将其带到日本，并在寺庙中广为种植，也将其奉为菩提树，充满禅意和神话色彩。早在唐朝，汉化菩提树南京椴就在浙江天台广为栽种。唐朝诗人皮日休在《寄题天台国清寺齐梁体》中写道：“十里松门国清路，饭猿台上菩提树。怪来烟雨落晴天，元是海风吹瀑布”，说的就是天台宗祖庭——国清寺道路上菩提树茂盛的景象。南京椴不仅是汉化菩提树，其果核也是菩提子，可制作成佛珠，其皮质厚，皮色洁净柔和，线条清晰可辨，形状较圆。在浙江天台，“天台菩提”与天台宗文化相生相长，有其独特魅力和深邃内涵，菩提佛珠已经作为高档文化产品，出口日本。

南京椴被称为代表神灵意志的“觉树”，象征着智慧。

保护现状

世界自然保护联盟濒危物种红色名录（IUCN红色名录）：易危（VU）。

百木汇成林　树王聚金陵

金陵树王

柞木

祥

柞木树王位于南京市高淳区桠溪街道大山村（N 31°24′56″、E 119°04′35″）。树高 6 米，冠幅 4.5 米，树干由 0.5 米处分生出三大枝，粗度分别为 32 厘米、42 厘米、45 厘米；树龄 610 年，健康状况一般。大山村是我国首批乡村旅游模范村，位于高淳桠溪国际慢城的核心区，村因背靠大山而得名，低山丘陵茶园稻田，日出而作，日落而息，慢城之名实至名归。大山村历史悠久，村居皆为芮氏，查谱追史，芮姓来源于西周；大山村芮氏皆为北宋末奉政公芮敏三子芮艮三的后裔，村居历史已有 900 年，芮姓人才辈出，也可算得上金陵望族，这就不难理解大山村为何建有大量徽派建筑，且风格古朴雅致。柞木树王肯定为芮氏族人所植，植树之意或纪念先祖、或警示后人终难去深究，但树王却已伴随芮氏家族六百年而波澜不惊，且这种人与树和谐相处的历史还将继续延续。

柞木

学名 *Xylosma congesta* (Loureiro) Merrill

别名 红心刺、葫芦刺、蒙子树、凿子树

科属 大风子科（Flacourtiaceae）柞木属（*Xylosma*）

形态特征

常绿大灌木或小乔木，高 4~15 米。树皮棕灰色，不规则从下面向上反卷呈小片，裂片向上反卷；幼时有枝刺，结果株无刺。枝条近无毛或有疏短毛。叶薄革质，雌雄株稍有区别，通常雌株的叶有变化，菱状椭圆形至卵状椭圆形，长 4~8 厘米，宽 2.5~3.5 厘米，先端渐尖，基部楔形或圆形，边缘有锯齿，两面无毛或在近基部中脉有污毛；叶柄短，长约 2 毫米，有短毛。花小，淡黄色，总状花序腋生，长 1~2 厘米，花梗极短；花萼 4~6 片，卵形，长 2.5~3.5 毫米，外面有短毛。子房椭圆形，无毛，长约 4.5 毫米，1 室。成熟浆果黑色，球形，顶端有宿存花柱。种子 2~3 粒，卵形，长 2~3 毫米，鲜时绿色，干后褐色，有黑色条纹。花期春季，果期冬季。

叶

果

枝刺

树皮

分布范围

产于秦岭以南和长江以南各省份，生于海拔800米以下林边、丘陵和平原或村边附近灌丛中。朝鲜、日本也有分布。

生态习性

喜光、耐寒，喜凉爽气候；耐干旱、耐瘠薄，喜中性至酸性土壤；耐火烧，根系发达，不耐盐碱。

应用价值

柞木树形优美，供庭院美化和观赏等用，是营造防风林、水源涵养林及防火林的优良树种。木材质地硬、纹理细密、材色棕红，可以制作家具、登山杖、拐杖、擀面杖、台球杆以及各种斧柄、锤柄、凿子把、铲把等。叶、根皮、茎皮均可入药，有清热利湿、散瘀止血、消肿止痛的功效。

树木文化

从古至今，柞木常作为一种实用木材，便利人们的生活。如迟子建《暮色中的炊烟》中："菜地的尽头，是一排歪歪斜斜的柞木栅栏，那里种着牵牛花。牵牛花开的时候，那面陈旧暗淡的栅栏就仿佛披挂了彩带，看上去喜气洋洋的。"陈久平《那些消逝的农具》中："只有山里的桦木条和杜梨条还有柞木的枝条才能做成笼驮。"李兴濂《扁担的记忆》："我家用的是一根柞木扁担，是从一根青杠柞木上剖解出来，韧性极好，用了多年也不弯曲。"柞木用途广泛，它们的身影常常出现在人们的生活中。

柞木也承载着独特的观赏价值，可以作为盆景树种，为人们的日常生活带来美的享受。柞木虽不入盆景爱好者历来喜爱和公认的“四家、七贤、十八学士”等树种之列，但其枝干古朴典雅、老态龙钟，稍加培养便有虬曲多变之姿。柞木不畏烈日严寒，深秋寒露之后在修剪后的小枝上发出浅红色嫩叶，为萧瑟的时节增添一抹暖色，展现出欣欣向荣的生命力。

柞木寓意着坚强刚毅、亲近诚信的品格。

保护现状

世界自然保护联盟濒危物种红色名录（IUCN 红色名录）：未予评估（NE）。

金陵树王

旱柳

旱柳树王位于南京市浦口区永宁街道友联社区费渡组（N 32°11′42″、E 118°32′14″）。胸径 88 厘米，树高 16 米，冠幅 12 米，枝下高 3 米；树龄约 50 年，健康状况良好。莫问此处为何地，河边一株柳如意，微风粼波细枝荡，遥想泛舟敛春光。

旱柳

学名 *Salix matsudana* Koidz.

别名 柳树、立柳、青皮柳

科属 杨柳科（Salicaceae）柳属（*Salix*）

形态特征

落叶乔木，高达18米；大枝斜上，树冠广卵形。树皮暗灰黑色，有裂沟。枝细长，直立或斜展，浅褐黄色或带绿色，后变褐色，无毛，幼枝有毛。芽微有短柔毛。叶披针形，长5~10厘米，宽1~1.5厘米，先端长渐尖，基部窄圆形或楔形，上面绿色，无毛，有光泽，下面苍白色或带白色，有细腺锯齿缘，幼叶有丝状柔毛；叶柄短，长5~8毫米，在上面有长柔毛；托叶披针形或缺，边缘有细腺锯齿。花叶同放；雄花序圆柱形，长1.5~2.5（3）厘米，粗6~8毫米，花序梗较短，轴有长毛；雄蕊2，花丝基部有长毛，花药卵形，黄色；苞片卵形，黄绿色，先端钝，基部多少有短柔毛；腺体2；雌花序较雄花序短，长达2厘米，粗4毫米。果序长达2（2.5）厘米。南京地区花期3月，果期4月。

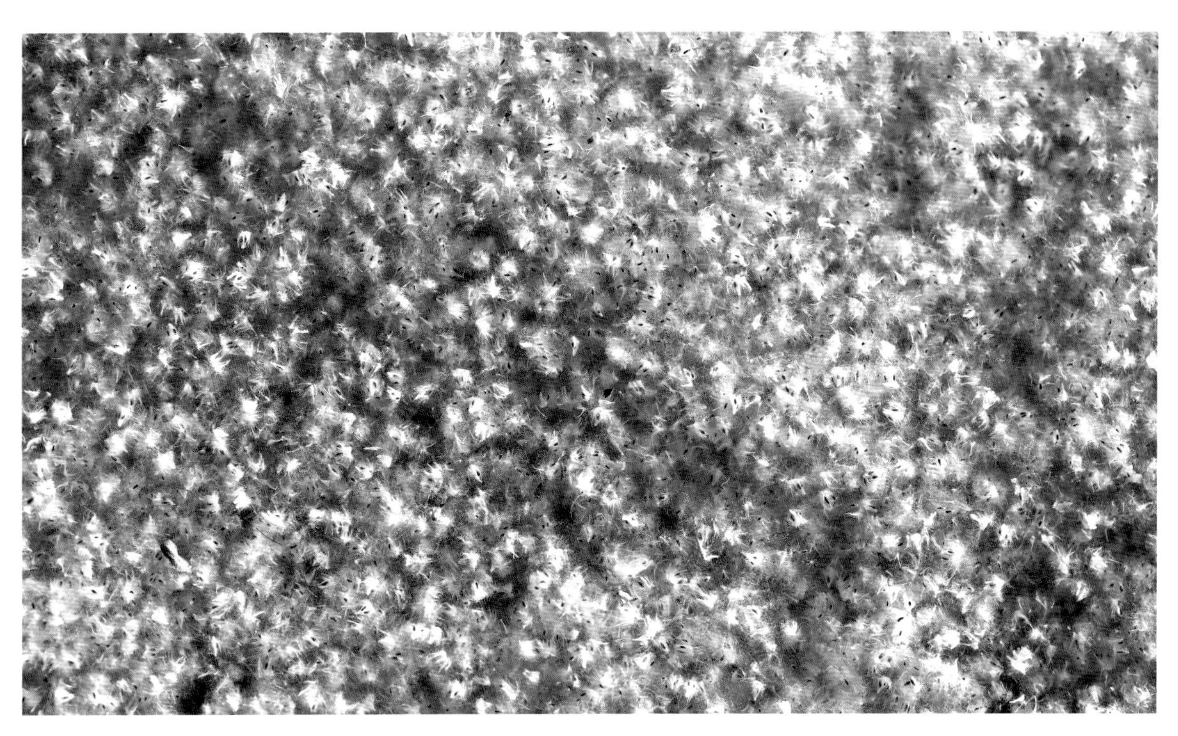

种子

分布范围

产于东北、华北平原、西北黄土高原，西至甘肃、青海，南至淮河流域以及浙江、江苏等地，为平原地区常见树种。朝鲜、日本、俄罗斯远东地区也有分布。

树王　　叶

生态习性

旱柳落叶迟（也称半常绿树种），喜光，不耐庇荫；耐寒、耐水湿、耐旱，但以湿润而排水良好的土壤生长最好；根系发达，抗风能力强，生长快，易繁殖。对有害气体具有很强的抗性和净化作用，对土壤中的污染物可进行有效的降解。

主要用途

树冠丰满，树形优美，枝条柔软嫩绿，耐修剪，秋叶黄色，是我国北方常用的庭荫树、行道树，在河湖岸边、公路边都可见到它的身影，作为生态和用材树种可用于防护林和小径材定向培育。其叶粗蛋白含量高，粗纤维含量低，是良好的饲料。

树木文化

柳树在我国已有两千多年的栽培历史，《诗经》中就有“折柳樊圃”的记载。柳树是报春的使者，枝条绿意盎然，姿态柔美婉约。柳是“留”的谐音，人们常用“折柳”以示“挽留”，从而形成了折柳送别、折柳寄远的风俗。唐朝诗人王之涣《送别》中写道“杨柳东风树，青青夹御河。近来攀折苦，应为别离多。”2022年北京冬奥会闭幕式“折柳寄情”，用折柳送别演绎中国式浪漫，表达了中国人民依依惜别、和平友谊的心声。

古代文人爱柳，留下了许多脍炙人口的佳作。“碧玉妆成一树高，万条垂下绿丝绦。不知细叶谁裁出，二月春风似剪刀。”唐朝诗人贺知章的《咏柳》形象地描绘出春天柳树新叶

果

初展的生动画面，早春的风吹得翠柳如玉、剪出新叶纤纤，让人心神荡漾。在古人眼中，柳和春天的故事总是相依相伴的，清朝高鼎《村居》中这样写道："草长莺飞二月天，拂堤杨柳醉春烟"。唐朝武元衡《春兴》中也描绘出春天杨柳叶浓的景象："杨柳阴阴细雨晴，残花落尽见流莺"。古诗中的柳富有多种含义，或饰春暖花开，或叙伤情别离，或讲思乡念人，柳树文化丰富多彩。除此之外，柳树与女子形体之美也有佳话，女子的细腰称为"柳腰"，女子的秀眉称作"柳眉"，有诗为证，如唐朝诗人韩屋的"柳腰莲脸本忘情"、白居易的"芙蓉如面柳如眉"等。

在传统文化的漫长发展过程中，柳树被赋予了别离、乡愁、悼古、柔美、高尚等诸多内涵。正所谓"无心插柳柳成荫"。柳树生命力旺盛，也寓意着平凡而伟大、不怕困难、勇于挑战的精神。此外，民间认为柳树能避邪驱鬼，把柳树作为一种避邪符号，因此清明时节有插柳、戴柳的习俗。

保护现状

世界自然保护联盟濒危物种红色名录（IUCN 红色名录）：未予评估（NE）。

百木汇成林　树王聚金陵

金陵树王

石楠

出 口

石楠树王位于南京市玄武区紫金山天文台博物馆（N 32°04′01.84″、E 118°49′27.43″）。地径 112 厘米，树高 7 米，冠幅 7 米；树龄近 90 年，健康状况良好。紫金山天文台建成于 1934 年，是中国人自己建立的第一个现代天文学观测和研究机构，被誉为“中国现代天文学的摇篮”。石楠树王长于天文台旁，茁壮成长，开枝散叶，见证了我国天文事业的发展。石楠树王虽无耸入云霄之力，但四季郁郁葱葱，却也象征着力量和青春。

石楠

学名 *Photinia serratifolia* (Desfontaines) Kalkman

别名 山官木、凿角、石纲、石楠柴、将军梨、石眼树、笔树、扇骨木、千年红、凿木

科属 蔷薇科（Rosaceae）石楠属（*Photinia*）

形态特征

常绿灌木或小乔木，高3~6米，有时可达12米。枝褐灰色，冬芽卵形，鳞片褐色，无毛。叶片革质，长椭圆形、长倒卵形或倒卵状椭圆形，长9~22厘米，宽3~6.5厘米，先端尾尖，基部圆形或宽楔形，边缘疏生细腺齿，近基部全缘，上面光亮，幼时中脉有茸毛，成熟后两面皆无毛，中脉显著，侧脉25~30对；叶柄粗壮，长2~4厘米，幼时有茸毛，以后无毛。复伞房花序顶生，直径10~16厘米，花密生，直径6~8毫米，花瓣白色，近圆形，直径3~4毫米，内外两面皆无毛；花药带紫色。果实球形，直径5~6毫米，红色，后成褐紫色，有1粒种子；种子卵形，长2毫米，棕色，平滑。花期4~5月，果期10~11月。

树皮

分布范围

在我国主要分布于陕西、甘肃、河南、山东、安徽、江苏、浙江、江西、湖南、湖北、福建、台湾、广东、广西、四川、云南、贵州等省份，主要生于海拔1000~2500米的林中。日本、印度尼西亚也有分布。

叶

花

生态习性

喜温暖、湿润气候，耐寒、耐旱，能耐短期 -15℃的低温，在河南焦作、陕西西安及山东等地能露地越冬。对土壤要求不严，以肥沃、湿润、土层深厚、排水良好、微酸性的沙质土壤最为适宜。滞尘和抗污染能力强，能吸收大气中二氧化硫。

主要用途

石楠枝繁叶茂，枝条能自然发展成圆形树冠，终年常绿。叶片翠绿色，具光泽，早春幼枝嫩叶为紫红色，枝叶浓密，老叶经过秋季后部分出现赤红色，初夏密生白色花朵，秋后鲜红果实缀满枝头，作为庭荫树或绿篱栽植效果更佳。一般可根据景观需求，修剪成球形、圆柱形或圆锥形等不同的造型。在园林中孤植或丛植使其形成低矮的灌木丛。果实为鸟的食物。

树木文化

石楠自古以来都受到中国人民的喜爱，《花镜》云："石楠，昔杨妃名为端正木，南北皆有之"，这里说的是一段典故，即唐玄宗败走之际，经过扶风，见路旁有石楠花，杨贵妃非常喜欢，称呼其为端正木。不仅达官显贵喜爱，文人墨客也对石楠赞不绝口，诗仙李白诗云："千千石楠树，万万女贞林。"张籍曰："江皋三月时，花发石楠枝。"司空图诗云："客处偷闲未是闲，石楠虽好懒频攀。"王建诗曰："留得行人忘却归，雨中须是石楠枝。"温庭筠在《题端正树》中说："路傍佳树碧云愁，曾侍金舆幸驿楼。草木荣枯似人事，绿阴寂寞汉陵

果

花

秋。”白居易在诗中全面描写了石楠花的形、色、味：“可怜颜色好阴凉，叶翦红笺花扑霜。伞盖低垂金翡翠，熏笼乱搭绣衣裳。春芽细炷千灯焰，夏蕊浓焚百和香。见说上林无此树，只教桃李占年芳”，言石楠叶红如笺、花白如霜、香味浓郁，同时借石楠表达了自己不平的心绪。

石楠的花语为孤单寂寞、庄重威严。新西兰但尼丁市每年的 10 月石楠花开满城，都会举行石楠花节。日本寺院会在释迦牟尼的生日（4 月 8 日）举行石楠花祭活动。

保护现状

世界自然保护联盟濒危物种红色名录（IUCN 红色名录）：未予评估（NE）。

果实

百木汇成林　树王聚金陵

金陵树王

杜梨

杜梨树王位于南京市溧水区永阳街道水保北路西侧路旁（N 31°40′23″、E 119°03′17″）。胸径 62 厘米，树高 12 米，冠幅 9 米，枝下高 2 米；树龄 110 年，健康状况良好。濑州春来她先知，杜梨花开慢宽衣。卵形花瓣淡紫蕊，白花齐放接祥瑞。

杜梨

学名 *Pyrus betulifolia* Bge.

别名 棠梨、土梨、海棠梨、野梨子、灰梨

科属 蔷薇科（Rosaceae）梨属（*Pyrus*）

形态特征

落叶乔木，高达 10 米；树冠开展。枝常具刺；小枝嫩时密被灰白色茸毛，2 年生枝条具稀疏茸毛或近于无毛，紫褐色。叶片菱状卵形至长圆卵形，长 4~8 厘米，宽 2.5~3.5 厘米，先端渐尖，基部宽楔形，稀近圆形，边缘有粗锐锯齿，幼叶上下两面均密被灰白色茸毛，后脱落，老叶上面无毛而有光泽，下面微被茸毛或近于无毛；叶柄长 2~3 厘米，被灰白色茸毛。伞形总状花序，有花 10~15 朵，花瓣白色，总花梗和花梗均被灰白色茸毛，花梗长 2~2.5 厘米；花直径 1.5~2 厘米；花药紫色，长约花瓣之半；花柱 2~3，基部微具毛。果实近球形，直径 5~10 毫米，2~3 室，褐色，有淡色斑点，萼片脱落，基部具带茸毛果梗。花期 3~4 月，果期 8~10 月。

枝刺

果实

秋叶

秋叶

秋叶

叶片

树皮

分布范围

分布于辽宁、河北、河南、山东、山西、陕西、甘肃、湖北、江苏、安徽、江西等省份，生于海拔50~1800米平原或山坡向阳处。

生态习性

喜光，稍耐阴，耐寒，耐干旱瘠薄。对土壤要求不严，在盐碱土中也能生长。

主要用途

杜梨树形优美，春季繁花似雪，片植时颇有“千树万树梨花开”的诗意；秋季叶色绚烂，有极佳的观赏价值，可在公园、庭院或作为行道树栽植，是集观花、观叶、观果于一体的优良色叶树种。杜梨根系发达，适应性强，对水肥要求不严，可用于盐碱地作防护林和水土保持林。在北方常用作食用梨的嫁接砧木。

木材坚硬，抗腐能力强，纹理致密，可供制作高档家具。树皮、根、叶、果实均可入药，有清热解毒、健胃消食、涩肠止痢、清润止咳功效。

树木文化

在我国传统文化中，白色历来被视作是纯洁无暇的象征，所以梨花的洁白之色也被赋予了品格高洁的内涵，再加上梨花本身娴静、清香的特点，文人更是把梨花比作君子、高士。梨花成为寓意丰富的意象或承载着清明时节人们思亲的寄托，或比喻美人的肌肤白皙，或寄托离别的伤感，或蕴含思乡与怀旧之情，或反映红颜易逝和命运不幸的无奈，从而极大丰富

花

了其文化内涵。

在诗歌意象中，杜梨（棠梨）花开花谢也有着由浅入深的文化价值。杜梨花盛开于野，装点了春景，诗人惜之；春雨落红，诗人伤之；花飘寒食节，落入墓地间，清寒、冷香的意境使人怜之。如元稹在《村花晚（庚寅）》写道："三春已暮桃李伤，棠梨花白蔓菁黄"；温庭筠在《醉歌》中写道："唯恐南国风雨落，碧芜狼藉棠梨花"；薛逢乐府辞《君不见》中："野花似雪落何处，棠梨树下香风来"。棠梨花盛放时，洁白胜雪、香风阵阵，凋零时优雅哀伤、让人动容。杜梨叶红是入秋的表现，诗人常常以此起兴，感叹仕宦孤独的凄冷，忧患天下民生的悲凉，怀抱挥袖送别的不舍，诗境多变，诗情尽展。如王周《宿疏陂驿》中："秋染棠梨叶半红，荆州东望草平空。谁知孤宦天涯意，微雨萧萧古驿中"；白居易《杂曲歌辞・生离别》中："天寒野旷何处宿，棠梨叶战风飕飕。生离别，生离别，忧从中来无断绝"；李郢《寒食野望吟》中："风吹旷野纸钱飞，古墓垒垒春草绿。棠梨花映白杨树，尽是死生离别处"。诗人们借着棠梨花，说尽了羁旅思乡、宦游慨叹、生死别离等情感。

杜梨的枝条上抽生的变态小枝称为枝刺，长约 3 厘米，刺伤性很强。古代人民常用杜梨枝干堵在院门口，防止野兽入侵。至今在一些农村还可见人们用杜梨枝条堆放在院门口作为围挡。《尚书》《国语》《周礼》等用"杜"字表示"关闭、堵塞"等意思，这也是"杜门谢客、杜口吞声、杜口裹足"等词的来历，因此，杜梨的命名与这种树木的用途有着密切的联系。

保护现状

世界自然保护联盟濒危物种红色名录（IUCN 红色名录）：未予评估（NE）。

百木汇成林　树王聚金陵

金陵树王

梅

梅树王位于南京市玄武区中山陵樱花园民国廊西侧（N 32°03′17″、E 118°51′29″），为‘南京红’品种。地径 34.1 厘米，树高 5.3 米，冠幅 7 米；树龄约 100 年，健康状况良好。严寒花绽引春归，傲视百花最早开！梅花孤傲绽放的高洁品格与孙中山先生博爱精神相互交融，构筑和谐一体、交相辉映的家国情怀。

梅

学名 *Prunus mume* Siebold & Zucc.

别名 酸梅、干枝梅、春梅

科属 蔷薇科（Rosaceae）杏属（*Prunus*）

形态特征

小乔木，稀灌木。树皮浅灰色或带绿色，平滑。小枝绿色，光滑无毛。叶片卵形或椭圆形，先端尾尖，基部宽楔形至圆形，叶边常具小锐锯齿，灰绿色，幼嫩时两面被短柔毛，成长时逐渐脱落，或仅下面脉腋间具短柔毛；叶柄幼时具毛，老时脱落，常有腺体。花单生或有时 2 朵同生于 1 芽内，先叶开放；花梗短，常无毛；花萼通常红褐色，但有些品种的花萼为绿色或绿紫色；萼筒宽钟形，无毛或有时被短柔毛；萼片卵形或近圆形，先端圆钝；花瓣倒卵形，白色至粉红色；雄蕊短或稍长于花瓣；子房密被柔毛，花柱短或稍长于雄蕊。果实近球形，黄色或绿白色，被柔毛，味酸；果肉与核粘贴；核椭圆形，顶端圆形而有小突尖头，基部渐狭成楔形，两侧微扁，腹棱稍钝，腹面和背棱上均有明显纵沟，表面具蜂窝状孔穴。花期冬春季，果期 5~6 月。

花

分布范围

梅原产我国南方，各地均有栽培，但以长江流域以南各省份居多；江苏北部和河南南部也有少数品种，少量品种已在华北引种成功。日本和朝鲜也有分布。

花

花

生态习性

适应性强，喜温暖、湿润气候，耐酷暑，半耐寒，较耐干旱，不耐涝，寿命长；对土壤要求不严，适宜在表土疏松、肥沃，排水良好、底土稍黏的湿润土壤上生长。对氟化氢污染敏感，可以用来监测大气氟化物污染。

主要用途

梅在我国已有3000多年栽培历史，无论作观赏或果树均有许多品种。梅的花色多样，有紫红、粉红、淡黄、淡墨、纯白等多种颜色。梅枝条清癯、明晰、色彩和谐，或曲如游龙，或披靡而下，多变而有规律，呈现出一种很强的力度和线的韵律感。梅不但露地栽培供观赏，还可以作盆花，制作梅桩。历史上许多地方建有梅园，如南京中山陵梅花山就是著名的赏梅胜地，依山栽植有梅花1.5万余株，品种有220多个，如‘朱砂梅’满枝绯红，‘玉蝶梅’素静雅洁，‘宫粉梅’著花繁茂，‘龙游梅’舒展飘逸，还有‘躄脚晚秋’‘七星梅’和‘半重瓣跳枝’等梅花上品。

树木文化

冬春之交，梅花开满枝头，花瓣白如雪、粉似霞，花蕊鹅黄，暗香浮动。在长达3000多年的栽培历史中，梅花因其凌寒傲雪的高洁品格，与兰花、竹子、菊花并称为“四君子”，与松、竹并称为“岁寒三友”，深受国人喜爱，是历朝历代文人墨客吟诵的对象。宋朝李清

花

照写道："雪里已知春信至，寒梅点缀琼枝腻。香脸半开娇旖旎，当庭际，玉人浴出新妆洗。造化可能偏有意，故教明月玲珑地。共赏金尊沈绿蚁，莫辞醉，此花不与群花比"，不仅妙笔点染梅美丽的形象和神态，而且夸赞其玉洁冰清、明艳出群、暗香浮动，并把梅花比作春的信使。李清照的《玉楼春》更是上乘之作："红酥肯放琼苞碎，探著南枝开遍未。不知酝藉几多香，但见包藏无限意。道人憔悴春窗底，闷损阑干愁不倚。要来小酌便来休，未必明朝风不起"，诗人以婉转的笔触写将放未放的梅花，由花苞蕴藏的香味和意态联想到梅花凋零破败的景象，不觉惆怅万分，只得举杯遣怀，抒发自己内心的困顿和烦闷。梅花在国人心中无法被替代，人们称其美，赞其香。王安石"墙角数枝梅，凌寒独自开。遥知不是雪，为有暗香来"；陆游"闻道梅花坼晓风，雪堆遍满四山中。何方可化身千亿，一树梅前一放翁"。文人常常借高洁、孤傲的寒梅自喻，表达自己的人生态度以及不向世俗献媚的高尚情操、不与世俗同流合污的高格远志。宋朝刘著曰："江南几度梅花发，人在天涯鬓已斑"；五代李煜曰："砌下落梅如雪乱，拂了一身还满"；唐朝卢仝曰："相思一夜梅花发，忽到窗前疑是君"；元代王冕曰："冰雪林中著此身，不同桃李混芳尘。忽然一夜清香发，散作乾坤万里春"。

梅花花语是坚强、忠贞、高雅，象征着坚忍不拔、不屈不挠、奋勇当先、自强不息。她迎雪吐艳，凌寒飘香，铁骨冰心的崇高品质和坚贞气节鼓舞一代又一代中国人不畏险阻，奋勇开拓。

保护现状

世界自然保护联盟濒危物种红色名录（IUCN 红色名录）：未予评估（NE）

金陵树王

皂荚

皂荚树王位于南京市栖霞区栖霞山风景区般若台（N 32°09′22″、E 118°57′22″）。胸径 90 厘米，树高 16 米，冠幅 7 米，枝下高 1.7 米；树龄 115 年，健康状况良好。栖霞山是一座颇有文化和景致的名山，古称摄山，被誉为“金陵第一明秀山”，历史上曾有五王十四帝登临栖霞山，“一座栖霞山，半部金陵史”。栖霞山浮雕台颇具神秘色彩，与佛有缘，与乾隆行宫有关？众说纷纭。但皂荚树王却在般若台旁屹立高耸，独特的皂荚刺和悬垂的皂荚果无不彰显出皂荚树种的典型特征。

皂荚

学名 *Gleditsia sinensis* Lam.

别名 刀皂、牙皂、猪牙皂、皂荚树、皂角三刺皂角

科属 豆科（Fabaceae）皂荚属（*Gleditsia*）

形态特征

落叶乔木，高可达 30 米。枝灰色至深褐色；有枝刺，粗壮，常分枝，多呈圆锥状，长达 16 厘米。一回羽状复叶，长 10~18（26）厘米；小叶（2）3~9 对，纸质，卵状披针形至长圆形，长 2~8.5（12.5）厘米，宽 1~4（6）厘米，先端急尖或渐尖，顶端圆钝，具小尖头，基部圆形或楔形，有时稍歪斜，边缘具细锯齿。花杂性，黄白色，组成总状花序；花序腋生或顶生，长 5~14 厘米，被短柔毛；雄花：直径 9~10 毫米；花梗长 2~8（10）毫米；花托长 2.5~3 毫米，深棕色，外面被柔毛；萼片 4，三角状披针形，长 3 毫米，两面被柔毛；花瓣 4，长圆形，长 4~5 毫米，被微柔毛；两性花：直径 10~12 毫米；花梗长 2~5 毫米；萼、花瓣与雄花相似，萼片长 4~5 毫米，花瓣长 5~6 毫米；胚珠多数。荚果带状，长 12~37 厘米，宽 2~4 厘米，劲直或扭曲，果肉稍厚，两面臌起，或有的荚果短小，略许呈柱形，长 5~13 厘米，宽 1~1.5 厘米，弯曲作新月形；果梗长 1~3.5 厘米；荚果皮革质，褐棕色或红褐色，常被白色粉霜。种子多粒，长圆形或椭圆形，长 11~13 毫米，宽 8~9 毫米，棕色，光亮。花期 3~5 月，果期 5~12 月。

花序

羽状复叶

枝刺

荚果

分布范围

分布于河北、山东、河南、山西、陕西、甘肃、江苏、安徽、浙江、江西、湖南、湖北、福建、广东、广西、四川、贵州、云南等省份，生于海拔2500米以下的山坡林中或谷地、路旁。

生态习性

性喜光而稍耐阴，喜温暖湿润的气候及深厚、肥沃湿润的土壤，但对土壤性质要求不严，在微酸性、石灰质、轻盐碱土甚至黏土或砂土均能正常生长。属于深根性植物，耐旱性较强。

主要用途

皂荚冠大荫浓，枝条细柔下垂，潇洒多姿，加之有红褐色棘刺和大型的荚果，给人以威严壮美之感。可用于城乡景观林、道路绿化。皂荚树耐热、耐寒、耐旱、抗污染，根系发达，可用做防护林和水土保持林。

木材坚硬，耐腐抗磨，可用于制作工艺品、家具；荚果煎汁可替代肥皂用以洗涤丝毛织物；嫩芽油盐调食，其种子煮熟糖渍可食；荚果、种子、枝刺均可入药，有祛痰通窍、镇咳利尿、消肿排脓、杀虫治癣的功效。

荚果与种子

花

树木文化

皂荚是我国古老的乡土树种之一，历经时代变迁，具有丰富的历史文化价值。皂荚树的荚果是我国人民用了2000多年的天然“肥皂”，此用法大概起源于汉代，流行于六朝，直至今日，皂荚仍是化妆品及洗涤用品的天然原料。2000多年来，无私奉献的皂荚树将月牙般的果实馈赠给世人，濯脏污、去病痛，也给人们带来了无穷回忆与乐趣。

皂荚常出现在道教仙传文本中。道教的养生、成仙与济世传统都与皂荚存在着密切的关联。例如，以皂荚入药、炼丹，把皂荚作为“成仙之木”，道人化身皂荚成仙等，寄托着道教对理想中完美人格的不懈追求，“柏实为之使，恶麦门冬……伏丹砂、粉霜、硫黄、硇砂”。皂荚的使用，正是道教顺应自然规律、合理利用自然万物的表现。鲁迅先生《从百草园到三味书屋》中记述：“我家的后面有一个很大的园，相传叫作百草园……不必说碧绿的菜畦，光滑的石井栏，高大的皂荚树，紫红的桑椹”。这棵高大的皂荚树作为童年回忆深深留在了鲁迅的记忆里，也作为文学意象深深留在了我们的记忆里。皂荚也是男婚女嫁的吉祥物，预示着多子多孙。姑娘出嫁，都少不了在箱子里、被絮中放上一些皂荚，男女结婚典礼前焚香沐浴，澡盆里也必须放上皂荚。

皂荚寓意留住美好回忆，早生贵子；也寓意明辨是非、爱憎分明、刚正不阿。

保护现状

世界自然保护联盟濒危物种红色名录（IUCN红色名录）：无危（LC）。

金陵树王

紫藤

紫藤树王位于南京市秦淮区郑和公园（N 32°02′00″、E 118°50′10″）。地径110 厘米，主干长 20 米，树冠面积 40 平方米；树龄 600 年，健康状况良好。南京郑和公园原是郑和任南京守备时其府邸内的私家花园，旧称“马家花园”，该株紫藤相传为郑和手植。

马府藤萝寿绵长，紫色铃儿摇不响，花开明清到如今，荚果羽叶遮成荫。

紫藤

学名 *Wisteria sinensis* (Sims) DC.

别名 紫藤萝、白花紫藤

科属 豆科（Fabaceae）紫藤属（*Wisteria*）

形态特征

落叶攀缘缠绕性大型藤本植物。茎左旋，枝较粗壮，嫩枝被白色柔毛，后秃净。冬芽卵形。奇数羽状复叶长15~25 厘米，小叶 3~6 对，纸质，卵状椭圆形至卵状披针形，先端小叶较大，基部 1 对最小，长 5~8 厘米，宽2~4 厘米，先端渐尖至尾尖，基部钝圆或楔形，或歪斜，嫩叶两面被平伏毛，后秃净；小叶柄长 3~4 毫米，被柔毛；小托叶刺毛状，长 4~5 毫米，宿存。总状花序发自去年短枝的腋芽或顶芽，长 15~30 厘米，径 8~10 厘米，花序轴被白色柔毛；苞片披针形，早落；花长 2~2.5 厘米，芳香；花梗细，长 2~3 厘米；花萼杯状，长 5~6 毫米，宽 7~8 毫米，密被细绢毛；花冠细绢毛；花冠紫色，旗瓣，圆形，先端略凹陷，花开后反折，基部有 2 胼胝体，翼瓣长圆形，基部圆，龙骨瓣较翼瓣短，阔镰形，子房线形，胚珠 6~8 粒。荚果倒披针形，长 10~15 厘米，宽 1.5~2 厘米，密被茸毛，悬垂枝上不脱落，有种子 1~3 粒；种子褐色，具光泽，扁圆形。花期 4 月中旬至 5 月上旬，果期 5~8 月。

叶

花

果

花

分布范围

河北以南，黄河、长江流域及广西、贵州、云南等地均有分布，生于海拔 500~1000 米间的山谷沟坡、山坡灌丛中。现内蒙古、辽宁以南大范围区域内均有栽培，国外亦有栽培。

生态习性

紫藤为暖带及温带植物，对气候和土壤的适应性强，较耐寒、耐旱、耐水湿、耐贫瘠；喜光，较耐阴。以土层深厚、排水良好、向阳避风的地方栽培最适宜。主根深，侧根浅，不耐移栽。生长较快，寿命很长，缠绕能力强，对其他植物有绞杀作用。

主要用途

成年紫藤树花开繁多，清香素雅，植株茎蔓蜿蜒屈曲，紫色花序一串串悬挂在绿叶藤蔓之间，狭长的荚果随风摇曳，景色迷人。紫藤适栽于湖畔、池边、假山、石坊等处，具独特风格。在庭院，用其攀绕棚架，制成花廊，或用其攀绕枯木，有枯木逢生之意；还可做成姿态优美的悬崖式盆景，置于高几架、书柜顶上，繁花满树，别有韵致。紫藤品种繁多，花色多样，更丰富了其观赏性和应用价值。

紫藤花可提炼芳香油，并有解毒、止吐止泻等功效。紫藤皮则有杀虫、止痛、祛风通络等作用。在河南、山东、河北一带，人们常采紫藤花蒸食。

花枝

树木文化

我国紫藤栽植历史悠久。《花经》说：“紫藤缘木而上，条蔓纤结，与树连理，瞻彼屈曲蜿蜒之伏，有若蛟龙出没于波涛间。仲春开花，披垂摇曳，宛如璎珞坐卧其下，浑可忘世”；《北墅抱瓮录》曰：“紫藤二月花发成穗，色紫而艳，披垂摇曳，一望煜然”；诗人李白的《紫藤树》生动地刻画出紫藤优美的姿态和迷人的风采：“紫藤挂云木，花蔓宜阳春。密叶隐歌鸟，香风流美人”；诗人许浑诗中的紫藤仿若温婉的女子，紫袖轻垂，柔声迎客：“绿蔓秾阴紫袖低，客来留坐小堂西”；晚唐名相李德裕喜爱紫藤：“遥闻碧潭上，春晚紫藤开。水似晨霞照，林疑彩凤来”，把紫藤喻为朝霞和彩凤。“幽溪人未去，芳草行应碍。遥忆紫藤垂，繁英照潭黛”，映照在潭上的紫藤，寄托着诗人对故乡的怀念。民国前，北京的许多官宅私园，都栽植紫藤美化庭院。如清文华殿大学士兼军机大臣、书法家于敏中的“雨梧书屋”前，紫藤满架，一派芬芳；清东阁大学士梁诗正“清勤堂”前，紫藤茂盛可人，占断物华；清朝诗人、藏书家朱彝尊“古藤书屋”，藤萝成荫，令人流连。紫藤在一些文学作品和影视作品中也不时出现，最具代表性的是鲁迅爱情小说《伤逝》，主人公的爱情与紫藤花开花落有着某种深刻的契合，花虽开得如醉如烟，却只能在如烟的往事中徘徊，迷蒙着对往事的深切思念。紫藤另一特点是攀附树木，像蟒蛇缠绕食物一样使树木枯死，紫藤这种因弱而就势，因生而曲意，也遭到一些文人的谴责。唐朝白居易《紫藤》一诗就将其数落得淋漓尽致：“谁谓好颜色，而为害有馀。下如蛇屈盘，上若绳萦纡。可怜中间树，束缚成枯株”。

紫藤花寓意浪漫、醉人的恋情，依依不舍的思念。

保护现状

世界自然保护联盟濒危物种红色名录（IUCN 红色名录）：无危（LC）。

百木汇成林　树王聚金陵

金陵树王

紫薇

紫薇树王位于南京市高淳区固城街道花联村花山公园（N 31°15′19″、E 118°56′35″）。地径 80 厘米，树高 16 米，冠幅 10 米；树龄 387 年，健康状况良好。花山公园原是始建于明永乐年间的“西茅庵”，清乾隆皇帝第四次下江南曾下榻此庵，并御赐“隆寝古庵”，并作有《悼花山妃子》一诗：“无端风雨起宫墙，碎玉花山梦也香”，纪念私自逃出宫、借居花山西茅庵而吞金自杀的两位妃子。园中两株紫薇树，“大紫”和“小薇”这对孪生姐妹，枝叶苍翠，树干参天，民间传说这就是两位妃子的化身。

紫薇

学名 *Lagerstroemia indica* L.

别名 痒痒树、百日红、痒痒花、紫金花

科属 千屈菜科（Lythraceae）紫薇属（*Lagerstroemia*）

形态特征

落叶灌木或小乔木，高可达 7 米。树皮平滑，灰色或灰褐色。枝干多扭曲，小枝纤细，具 4 棱，略成翅状。叶互生或有时对生，纸质，椭圆形、阔矩圆形或倒卵形，长 2.5~7 厘米，宽 1.5~4 厘米，顶端短尖或钝形，有时微凹，基部阔楔形或近圆形，无毛或下面沿中脉有微柔毛，侧脉 3~7 对，小脉不明显；无柄或叶柄很短。花淡红色或紫色、白色，直径 3~4 厘米，常组成 7~20 厘米的顶生圆锥花序；花瓣 6，皱缩，长 12~20 毫米，具长爪；子房 3~6 室，无毛。蒴果椭圆状球形或阔椭圆形，长 1~1.3 厘米，成熟时呈紫黑色，室背开裂。种子有翅，长约 8 毫米。花期 6~9 月，果期 9~12 月。

果

花

叶

树皮

分布范围

产于亚洲南部及大洋洲北部，我国华东、华中、华南及西南均有分布。作为城乡绿化观赏花木，已经被广泛栽培，北可至陕西、河北、吉林等省份。

生态习性

喜光，耐半阴，喜湿暖气候，耐寒，耐旱忌涝，对土壤要求不严，排水良好便可生长。紫薇对二氧化硫、氟化氢、氯气等有害气体具有较强抗性，降尘和抗污的能力较强。

主要用途

紫薇花开烂漫如火，自夏至秋，经久不衰；千姿百态的紫薇从视觉上和心理上给人们带来了美的享受，因此有其独特的观赏价值。枝叶扶疏，花朵繁多，花色艳丽，秋季叶色丰富，虽无牡丹之富丽、竹柏之常青、梅松之傲骨，但“谁道花无百日，紫薇长放半年花”，其美学特征表现在姿态、季相、意境方面。紫薇品种很多，直干、分枝点高、枝条下垂的可选作行道树；株型低矮的矮生品种，可选作花境、路边、花坛等景观的镶边植物。紫薇还具有根茎繁密、干粗、根露、枝叶耐修剪等特点，是制作盆景的极佳材料。紫薇枝条柔软，易于造型，且嫁接或简单的捆绑易愈合，常根据设计需要整形成各种形状，可虬曲错节、可奇巧多变、可轻盈多姿。

紫薇的木材坚硬、耐腐，可作农具、家具、建筑等用材；其根、茎、叶、花均可入药，味微苦、涩，性平，有清热解毒、止泻、止血、止痛的功效，可用于治疗肝硬化、腹水、肝炎、骨折、乳腺炎、湿疹以及各种出血症等。

花

树木文化

紫薇的名称来源于我国古代天文学对紫微星的命名，紫微星是帝王之星，紫薇也象征尊贵和吉祥。紫薇起初以地方名、官名的形式出现，遍栽于皇宫、官邸，在皇家园林中占有重要的地位，后传入民间。唐朝诗人白居易写有《紫薇花诗》：“丝纶阁下文书静，钟鼓楼中刻漏长。独坐黄昏谁是伴，紫薇花对紫薇郎。”在宋朝，紫薇的栽植进入全盛时期，人们对紫薇也十分偏爱，常常与仕途相联，以花叙情。诗人杨万里赏紫薇“似痴如醉”，诗曰：“谁道花无百日红，紫薇长放半年花。”紫薇也由此有了“百日红”的别称。欧阳修因直言敢谏，被罢职贬官，面对聚星堂前的紫薇咏诗叹曰：“亭亭紫薇花，向我如有意……相看两寂寞，孤咏聊自慰。”南宋陈景沂作词盛赞紫薇，在《点绛唇》中称：“今古凡花，词人尚作词称庆，紫薇名盛，似得花之圣。”紫薇在我国是吉祥幸运之花，人们认为紫薇花是紫微星的化身，能辟邪，民间修建房屋的对联中往往有“竖柱适逢黄道日，上梁正遇紫薇星”的颂词。古代宰相的官服为紫色，文人常常在庭院种植紫薇，寄托考取功名、官袍加身的愿望。

紫薇花寓意紫气东来、吉祥如意。传说如果居所附近开满了紫薇花，将会受到紫薇仙子的眷顾，得到一生一世的幸福。紫薇的花语是好运、和平、独立，代表生命的活力与蓬勃。

保护现状

世界自然保护联盟濒危物种红色名录（IUCN 红色名录）：未予评估（NE）。

百木汇成林　树王聚金陵

金陵树王

白杜

白杜树王位于南京市高淳区游子山国家森林公园真武庙（N 31°20′56″、E 119°00′00″）。胸径 81 厘米，树高 15 米，冠幅 4.5 米，枝下高 3 米；树龄约 150 年，健康状况良好。游子山因孔子游历而得名，文化底蕴深厚，一山荟萃儒、释、道三教文化，堪称一绝，“游子”文化意味浓厚，却也彰显了当地海纳百川、相互包容的人文精神。游子山山巅建有道教真武庙，据查真武庙应建于明中后期，原名“玄武庙”，因避讳清康熙帝名讳而改称“真武庙”，该庙珍藏了记载“双女坟、羊左之交、割股奉君、伍员开河”等历史典故的十二块石碑，于教于史贡献极大。道教场所生长白杜，且处于山巅，又为群落，推测这些白杜应为道人所植。道教教义中并无白杜的过多记载，分析其意或正与白杜之花语相关，平平淡淡、不乱于心、不困于情、不畏将来、不念过往，“无为而治”恰是道家之经典，白杜树王亦可称为“平淡无忧树”。

白杜

学名 *Euonymus maackii* Rupr.

别名 丝棉木、桃叶卫矛、明开夜合、华北卫矛孩儿拳

科属 卫矛科（Celastraceae）卫矛属（*Euonymus*）

形态特征

落叶乔木，高达 15~18 米。小枝圆柱形。树皮网状裂。叶对生，卵状椭圆形、卵圆形或窄椭圆形，长 4~8 厘米，宽 2~5 厘米，先端长渐尖，基部宽楔形或近圆形，边缘具细锯齿，有时深而锐利，侧脉 6~7 对；叶柄通常细长，常为叶片的 1/4~1/3，长 1.5~3.5 厘米，但有时较短。聚伞花序有 3 至多花；花序梗微扁，长 1~2 厘米；花 4 数，淡白绿或黄绿色，径约 8 毫米；小花梗长 2.5~4 毫米；花萼裂片半圆形；花瓣长圆状倒卵形；雄蕊花丝长 1~2 毫米，花药紫红色。子房四角形，4 室，每室 2 胚珠。蒴果倒圆心状，成熟后果皮粉红色。花期 5~6 月，果期 9~11 月。

秋叶

果实

果实

树皮

分布范围

分布广泛，北起黑龙江，南到长江流域，西至甘肃，除陕西、西南和广西、广东未见野生外，其他各省份均有。国外分布达俄罗斯乌苏里地区、西伯利亚南部和朝鲜半岛。

生态习性

喜光、耐寒、耐旱、耐水湿、耐盐碱、稍耐阴，深根性，萌蘖力强，有较强的适应能力。对土壤要求不严，中性土和微酸性土均能适应，最适宜栽植在肥沃、湿润的土壤中。对二氧化硫和氯气等有害气体的抗性较强。果实是鸟的食源，鸟也是种子传播的重要媒介。

主要用途

白杜枝叶娟秀细致，姿态幽丽，树冠卵形或卵圆形，花朵美丽，秋季果实挂满枝梢，开裂后露出红色假种皮，甚为美观，在树上悬挂长达 2 个月之久，引来成群鸟雀。深秋叶色或红或黄，无论孤植，还是行植，皆有风韵，是优美的园林绿化树种。作为抗污染树种，常用于营造防护林或工厂绿化。

白杜木材白色细致，是雕刻、小工艺品、桅杆、滑车等细木工的上好用材。枝条柔韧，可编制各种筐篮、背斗等。萌生能力强，5 年生林平茬一次每公顷可得干柴 11.33 吨，相当于 7.48 吨标准煤。嫩枝叶含粗蛋白 8.47%、粗脂肪 4.25%、粗纤维 14.39%、灰分 8.7%，营养价值高且适口性好，可作饲料，叶也可代茶。树皮含有硬橡胶，种子含油率达 40% 以上，可作工业用油，也可制作肥料。根及根皮有清热解毒、祛风活血、补肾作用，可治疗腰膝痛、风湿性关节炎、痔疮等。

秋叶

树木文化

白杜夏季繁茂遮荫，秋季满树红果，深秋叶色或红或黄，观赏价值较高。王秀梅曾写诗赞其枝叶："林木葱茏步道宽，遮天蔽日碧茵间。枝繁叶茂丝棉木，绿瘦红肥大牡丹"。余定基也作诗赞美白杜古树："珍稀京古树，百载树龄长。夏暮公园静，秋来水岸凉。枝头红果坠，绿叶伴花香。环境街边美，丝绵古朴苍"。从这些诗中可见人们对丝绵木的喜爱。白杜枝条柔软，树高不过六丈，但却表现出令人敬佩的气节："曾与蒿藜同雨露，终随松柏到冰霜"。白杜不仅在万物生长的春季欣欣向荣，在秋季也有别样的风采，它的枝头挂满花朵般的粉红色果实，在秋风中荡来荡去、飒飒作响，直到严冬依旧娇艳欲滴，恰似正艳的红梅。寒风凛冽，大雪纷飞，鲜红的白杜果实在洁白无暇的雪花映衬下，更显得耀眼夺目。这些"花"在白天盛放，夜间则轻轻闭合，因此白杜还有"明开夜合"这一诗意的别称。白杜美丽而低调，意志坚强，有着同松柏一般迎风傲雪的气度，可谓树中豪杰。

白杜的花语是平平淡淡总是真；也寓意不乱于心、不困于情、不畏将来、不念过往。

保护现状

世界自然保护联盟濒危物种红色名录（IUCN 红色名录）：无危（LC）。

百木汇成林　树王聚金陵

金陵树王

冬青

冬青树王位于南京市溧水区洪蓝街道傅家边农业观光园（N 31°33′59″、E 119°01′20″）。地径 83 厘米，树高 8 米，冠幅 9.5 米；树龄 207 年，健康状况良好。傅家边曾是溧水一普通乡村，自 20 世纪 80 年代开始大力开展科技兴农、产业兴农，实行农、林、牧、副、渔综合开发；1994 年，溧水区傅家边农业科技园正式成立，成为江苏省第一家由政府批准建立的农业科技园，开始探索农业产业开发和乡村生态旅游相结合的综合发展模式；2004 年，傅家边农业科技园成为首批全国农业旅游示范点；2012 年，傅家边被评为“江苏最美乡村”。傅家边冬青树王为雄株，生长旺盛，树冠如盖，枝繁叶茂，此树也被称为“摇钱树”，相传哪户人家有了困难，只要在这棵树下许愿就会得到解决，久而久之，这棵树就被人称为“神树”，又称“许愿树”。

冬青

学名 *Ilex chinensis* Sims.

别名 冻青

科属 冬青科（Aquifoliaceae）冬青属（*Ilex*）

形态特征

常绿乔木，高达13米。树皮灰黑色。当年生小枝浅灰色，圆柱形，具细棱；2至多年生枝具不明显的小皮孔，叶痕新月形，凸起。叶片薄革质至革质，椭圆形或披针形，稀卵形，长5~11厘米，宽2~4厘米，先端渐尖，基部楔形或钝，边缘具圆齿，或有时在幼叶为锯齿，叶面绿色，有光泽，背面淡绿色，主脉在叶面平，背面隆起，侧脉6~9对，在叶面不明显，叶背面明显，无毛，或有时在雄株幼枝顶芽、幼叶叶柄及主脉上有长柔毛；叶柄长8~10毫米，上面平或有时具窄沟。雌雄异株；雄花：花序具3~4回分枝，总花梗长7~14毫米，每分枝具花7~24朵；花淡紫色或紫红色，4~5基数；花萼浅杯状，裂片阔卵状三角形，具缘毛；花冠辐状，直径约5毫米，花瓣卵形，开放时反折，基部稍合生；退化子房圆锥状，长不足1毫米；雌花花序具1~2回分枝，具花3~7朵，总花梗长3~10毫米，花萼和花瓣同雄花，退化雄蕊长约为花瓣的1/2，败育花药心形。子房卵球形，柱头具不明显的4~5裂，厚盘形。果长球形，成熟时红色，长10~12毫米，直径6~8毫米，内果皮厚革质。花期4~6月，果期7~12月。

叶

果

树皮

分布范围

产于江苏、安徽、浙江、江西、福建、台湾、河南、湖北、湖南、广东、广西和云南等省份，常生于海拔 500~1000 米的山坡常绿阔叶林中、山坡杂木林和林缘。

生态习性

喜温暖气候，较耐阴湿，有一定耐寒力；适生于肥沃湿润、排水良好的酸性土壤；萌芽力强，耐修剪；种子具有深休眠习性。

主要用途

冬青四季常青，枝繁叶茂，树形优美，雄花、雌花淡紫色，秋季果实鲜红（雌株），是优良的园林绿化树种。耐修剪，可根据需要培育不同造型树。作为一种坚韧木材，用于制玩具、雕刻品、工具柄、刷背和木梳等。根、茎、叶、种子、树皮均可入药，树皮及种子有较强的抑菌和杀菌作用，叶有清热利湿、消肿镇痛的功效，根有抗菌、清热解毒消炎的功效。

树木文化

冬青在我国传统园林中具有意境之美。“冬青”一词在唐诗中经常出现，如许浑《洞灵观冬青》中赞曰：“霜霰不凋色，两株交石坛。未秋红实浅，经夏绿阴寒”。刘禹锡在《赠乐天》中曰：“在人虽晚达，于树似冬青”。又如顾况《杂曲歌辞·行路难三首》中“冬青树上挂凌霄，岁晏花凋树不凋”。也有诗人称赞冬青之花，如杨万里写道：“过雨梅无半个黄，冬青枝上雪花香”。赵师秀曰：“满地绿苔看不见，细花如雪落冬青”。冬青郁郁华盖，细花如雪。雌株秋冬果实鲜红繁密，红果与绿叶相间，煞是好看。

雌花

雄花

无论严寒酷暑，冬青都能茁壮生长、常青不衰。虽然没有光彩夺目的外形，总是平凡、低调而含蓄，却又蕴含着坚强不屈、无所畏惧的力量，在严冬腊月仍然蓬勃向上，给雪中的大地添一抹绿意，让人称颂不已。冬青自古是寿命长、生命力旺盛的象征，故冬青树的花语为“生命”，寓意着生命的可贵与坚韧不拔。在欧美国家，冬青属的植物代表了欢乐与和平。

保护现状

世界自然保护联盟濒危物种红色名录（IUCN 红色名录）：低危（LC）。

百木汇成林　树王聚金陵

金陵树王

重阳木

重阳木树王位于南京市高淳区砖墙镇港口村樟树脚（N 31°14′42″、E 118°51′54″）。胸径 144 厘米，树高 16 米，冠幅 15 米，枝下高 1.8 米；树龄 357 年，健康状况良好。港口村因港口河而得名，东观固城湖，自古就是美丽富饶的地方。鱼米之乡生长的树木不仅需要耐水湿，而且对木材品质的要求也较高，重阳木就是当地不二的选择。其适应性强，冠如华盖，花叶同放，秋叶变彩，木材贵重。固城湖边长绿树，年岁已过三百五，冠如华盖身粗壮，春花秋叶真漂亮。

重阳木

学名 *Bischofia polycarpa* (Levl.) Airy Shaw
别名 乌杨、茄冬树、红桐、水枧木
科属 大戟科（Euphorbiaceae）秋枫属（*Bischofia*）

形态特征

落叶乔木，树高可达 15 米，胸径 1 米以上。树冠伞形状，大枝斜展。树皮褐色，纵裂。小枝无毛，当年生枝绿色，皮孔明显，灰白色，老枝变褐色，皮孔变锈褐色。三出复叶；顶生小叶通常较两侧的大，小叶纸质，卵形或椭圆状卵形，有时长圆状卵形，长 5~14 厘米，宽 3~9 厘米，顶端突尖或短渐尖，基部圆或浅心形，边缘具钝细锯齿。雌雄异株，春季花叶同放，组成总状花序，花序着生于新枝的下部，花序轴纤细而下垂；雄花序长 8~13 厘米；雌花序 3~12 厘米；雄花萼片半圆形，膜质，向外张开，花丝短，有明显的退化雌蕊；雌花萼片与雄花的相同，有白色膜质的边缘；子房 3~4 室，每室 2 胚珠，花柱 2~3，顶端不分裂。果实浆果状，圆球形，直径 5~7 毫米，成熟时褐红色。花期 4~5 月，果期 10~11 月。

分布范围

分布于秦岭、淮河流域以南至福建和广东北部，生于海拔 1000 米以下山地林中或平原，在长江中下游平原或农村四旁常见，常作为行道树栽培。

生态习性

暖温带喜光树种，稍耐阴；喜温暖气候，耐寒性较弱；对土壤要求不严，在酸性和微碱性土中皆可生长；耐旱，也耐瘠薄，且能耐水湿；抗风，生长快速，根系发达；对二氧化硫有一定抗性。

主要用途

重阳木树姿优美，冠如伞盖，花叶同放，花色淡绿，嫩叶粉红鲜亮，秋叶转红，艳丽夺目，抗风耐湿，生长迅速，是良好的庭荫树和行道树，孤植、丛植或与常绿树种配置，秋日分外壮丽，也可作堤岸、溪边、湖畔和草坪周围点缀树种。

重阳木材质优良，心材与边材区别明显，心材鲜红色，边材淡红色，质重而坚韧，结构细而匀，有光泽，木质素含量高，是很好的建筑、造船、车辆、家具等珍贵用材，常替代紫檀木制作贵重木器家具。

重阳木果肉可酿酒。种子含油量达 30%，油有香味，可供食用，也可作润滑油和肥皂油。根或树皮入药，可祛风除湿、化瘀消积等。

树木文化

重阳木因重阳节而得名。有人说重阳木在重阳时叶落，故称重阳木；有人说人们重阳节

花

果实

叶

树皮

登高时在树冠繁茂的重阳木下纳凉，故有此名；有人说重阳木长寿，“久久”与“九九”谐音，故而得名。传统文化认为，九是阳数，九九即为“重阳”，有长久之意，而今，又延伸出了尊老、敬老之情。重阳木寿命可达千年，焕发着九九重阳的意韵，让人敬仰之余，常能生出无限感叹——地上早有千年树，世间难逢百岁人，真是人生易老天难老。明朝万历年间，《沅州志》中有“沅州八景”，其中一景便是重阳木。当时被列入“沅州八景”的重阳木已有千年历史，历经风霜屹立不倒，高大的树体不禁令人感叹历史的沧桑，生出无限感慨。1983 年，在湖北省监利县杨林山排涝河 17 米深的河床底出土了 12 根粗大的重阳木化石，并在其周围还发现了两枚剑齿象牙化石；经鉴定，该重阳木化石距今约 200 万年，可见其历史悠久。

岁岁重阳，今又重阳。人们常常借重阳木表达美好情感、寄托美好愿望。重阳木承载着吉祥长寿、祛病消灾的寓意，被人们称为“千岁树”“风水宝树”。花语是品行高洁、忠贞。

保护现状

世界自然保护联盟濒危物种红色名录（IUCN 红色名录）：未予评估（NE）。

百木汇成林　树王聚金陵

金陵树王

乌柏

乌桕树王位于南京市玄武区明孝陵景区梅花山（N 32°03′07″、E 118°50′01″）。胸径 139 厘米，树高 18 米，冠幅 22.7 米；树龄约 120 年，健康状况良好。梅花山巅桕叶黄，叶落还见白籽晃。壮观的秋色和奇特的冬景，伴随着梅花山的百花绽放，昭示着四季的轮回，春秋的更替，自然奥秘总有奇特之处！

乌桕

学名 *Triadica sebifera* (L.) Small

别名 腊子树、桕子树、木子树、米桕、糠桕、多果乌桕、桂林乌桕

科属 大戟科（Euphorbiaceae）乌桕属（*Triadica*）

形态特征

落叶乔木，高可达 15 米。树皮暗灰色，有纵裂纹。枝广展，具皮孔。叶互生，纸质，叶片菱形、菱状卵形或稀有菱状倒卵形，长 3~8 厘米，宽 3~9 厘米，顶端骤然紧缩具长短不等的尖头，基部阔楔形或钝，全缘；中脉两面微凸起，侧脉 6~10 对，纤细，斜上升，离缘 2~5 毫米弯拱网结，网状脉明显；叶柄纤细，长 2.5~6 厘米，顶端具 2 腺体；托叶顶端钝，长约 1 毫米。花单性，雌雄同株，聚集成顶生，总状花序长 6~12 厘米，雌花通常生于花序轴最下部或罕有在雌花下部亦有少数雄花着生，雄花生于花序轴上部或有时整个花序全为雄花。雄花花梗纤细，长 1~3 毫米，向上渐粗；雌花花梗粗壮，长 3~3.5 毫米，子房卵球形。蒴果梨状球形，成熟时黑色，直径 1~1.5 厘米。具 3 种子，分果爿脱落后而中轴宿存；种子扁球形，黑色，长约 8 毫米，宽 6~7 毫米，外被白色、蜡质的假种皮。花期 4~8 月，果期 10~12 月。

树冠

秋叶

秋叶

树皮

叶

分布范围

分布于我国黄河以南各省份，北达陕西、甘肃。日本、印度、越南也有分布，生于旷野、塘边或山坡、山顶的疏林中。欧洲、美洲和非洲亦有栽培。

生态习性

喜光树种，在年平均温度15℃以上、年降水量在750毫米以上地区均可栽植。在海拔500米以下当阳的缓坡或石灰岩山地生长良好。能耐间歇或短期水淹，对土壤适应性较强，红壤、紫色土、黄壤、棕壤及冲积土均能生长，中性、微酸性和钙质土都能适应，是抗盐性较强的乔木树种之一。深根性，侧根发达，抗风、抗有害气体（氟化氢），生长快。

主要用途

我国特有树种，栽培历史超过1500年。树冠整齐，叶形秀丽，秋季叶色丰富，叶红者则红艳夺目，不下丹枫，十分美观。若与亭廊、花墙、山石等相配，也甚协调。冬日白色的乌桕子挂满枝头，经久不凋，也颇美观，古人就有“偶看桕树梢头白，疑是江梅小着花”的诗句。乌桕作为城乡绿化树种和沿海滩涂造林树种，可孤植、丛植、片植。

乌桕以根皮、树皮、叶入药。种子外被蜡质，可提制“皮油”、高级香皂、蜡纸、蜡烛等；种仁榨取的油可供油漆、油墨等用。

种实

花

树木文化

乌桕枝叶秀美但朴实本分，遍生于田埂、池塘边，随处可见，从而扎根在人们的记忆里。乌桕最早记载于6世纪（534年）的《齐民要术》，约成书于魏晋南北朝时期的《玄中记》。《诗经》中的《周南·樛木》有："南有樛木，葛藟累之。乐只君子，福履绥之。南有樛木，葛藟荒之。乐只君子，福履将之。南有樛木，葛藟萦之。乐只君子，福履成之。"也有不少古诗词曾描写过乌桕树秋天红艳夺目的壮丽景象，如宋朝杨万里写到"梧叶新黄柿叶红，更兼乌桕与丹枫"，乌桕同梧叶、柿叶、丹枫一起，为秋天增光添彩。陆游诗云"乌桕迎霜已半丹，哦诗终日合凭栏""乌桕赤于枫，园林九月中"，赞美经霜的乌桕似火似霞，比枫叶还要红。唐朝张继《枫桥夜泊》："月落乌啼霜满天，江枫渔火对愁眠。姑苏城外寒山寺，夜半钟声到客船""丹枫似锦，乌桕炼金"，枫树和乌桕是秋天最美的风景。江岷山太守的"偶看桕树梢头白，疑是江梅小着花"，描写冬日叶落后的乌桕枝头镶嵌着白色果实，如梅花的花苞一般纯洁素雅。

乌桕又称木子树，"木"有祖先、根本之含义，"子"意为孩子。乌桕籽，是油籽，音同游子，固有游子归家的涵义，也展现了江南人对家乡无限的眷恋。

保护现状

世界自然保护联盟濒危物种红色名录（IUCN红色名录）：无危（LC）。

百木汇成林　树王聚金陵

金陵树王

三角枫

三角枫树王位于南京市玄武区玄武湖景区樱洲（N 32°04′30″、E 118°47′17″）。胸径 127 厘米，树高 8.5 米，冠幅 11 米；树木呈三枝分叉，粗壮。树龄约 110 年，健康状况良好。樱洲三角枫历经百余年而风华正茂，枝叶繁茂，夏遮酷暑，秋彩如盖，翅果摇曳，正可谓“玄武枫树焕靓彩，恰是金陵如梦时，观叶色而知秋至，得翅果盼春萌芽”。

三角枫

学名 *Acer buergerianum* Miq.

别名 三角枫、君范槭、福州槭、宁波三角槭

科属 槭树科（Aceraceae）槭树属（*Acer*）

形态特征

落叶乔木，高 5~10 米。树皮暗灰色，片状剥落。叶倒卵状三角形、三角形或椭圆形，长 6~10 厘米，宽 3~5 厘米，通常 3 裂，裂片三角形，近于等大而呈三叉状，顶端短，渐尖，全缘或略有浅齿，表面深绿色，无毛，背面有白粉，初有细柔毛，后变无毛。伞房花序顶生，有柔毛；花黄绿色，发叶后开花；子房密生柔毛。翅果棕黄色，两翅呈镰刀状，中部最宽，基部缩窄，两翅开展成锐角，小坚果凸起，有脉纹。花期 4~5 月，果熟期 9~10 月。

秋叶

秋叶

果

分布范围

广布于长江流域各省份，北达山东，南至广东，东南至台湾，生于海拔 1000 米的林中。日本也有分布。

生态习性

弱喜光，稍耐阴，喜温暖湿润气候及酸性、中性土壤。较耐水湿，萌芽力强，耐修剪。抗二氧化硫能力强，抗氟化氢能力中等，滞尘能力中等。

主要用途

三角枫树姿优雅，叶形秀丽，独树一帜，极具魅力；秋季叶渐变为红色或黄色，还有青色与紫色，可作庭荫树、行道树或风景林中的伴生树种，与其他秋色叶树或常绿树配置，彼此衬托掩映，增加秋景之美，因此格外受人欢迎，栽培也甚是广泛。三角枫枝条细弱，枝叶浓密秀丽，而且极耐修剪，可盘扎造型，作树桩盆景，奇特古雅，也可作绿篱栽培。

树木文化

三角枫也是枫树的一种。枫树姿态优美，先秦时代就已成为文学作品中寄托情思的意象。古人爱写枫，因此枫树在文人诗词歌赋中出现的次数多不胜数。唐朝张若虚在《春江花月夜》中有“白云一片去悠悠，青枫浦上不胜愁”，“枫”在诗中常作为感别之景，诗人以此

花

树皮

牵出游子与思妇的离愁别恨。杜甫在《秋兴八首》其一中写到“玉露凋伤枫树林，巫山巫峡气萧森”，以饱经深秋寒露摧残的枫林抒发国家动荡、身世蹉跎的感慨。白居易在《琵琶行》中有“浔阳江头夜送客，枫叶荻花秋瑟瑟”，用枫叶和荻花营造秋夜里萧瑟的气氛。但枫叶并不是“萧瑟”“凄凉”的代名词，它的火红热烈也象征着积极向上、蓬勃旺盛生命力。尤其杜牧在《山行》中脍炙人口的诗句“停车坐爱枫林晚，霜叶红于二月花”，在百花纷谢的深秋，枫叶的红艳与明媚令人惊叹，也令人振奋。古人咏枫，咏的是秋季红透的枫叶和如诗般的意境，也是欣欣向荣、傲霜斗寒的精神品格。宋朝王之道在《长相思·吴江枫》有“吴江枫。吴江风。索索秋声飞乱红”；白玉蟾在《枫叶辞》有“丹枫陨叶纷堕飞，撩拨西风尽倒吹”；贺铸在《秋江晚望》有“黄芦洲渚赤枫林，林外残阳叠嶂深”。枫叶是秋天最美的一道风景线，今人爱枫，爱的是“夕日红霞，秋景瑰艳，尽寒霜色流丹”的自然景观，也是赏枫之时融入大自然、回归大自然的愉悦之感。正所谓“金秋云淡秋风清，满山遍野三角枫。层林尽染榴花妒，艳艳色彩绚群峰”。

三角枫寓意积极向上，健康独立，又有鸿运当头的吉兆，十分惹人喜欢。

保护现状

世界自然保护联盟濒危物种红色名录（IUCN 红色名录）：未予评估（NE）。

百木汇成林　树王聚金陵

金陵树王

鸡爪槭

鸡爪槭树王位于南京市玄武区中山陵“天下为公”陵门处（N32°03′44″、E118°50′55″）。地径65厘米，树高6米，冠幅10米，在距地面高50厘米左右有8个分枝，斜向上平展，整个树冠向坡下伸展。树龄约100年，健康状况良好。与中山陵庄重肃穆的基本色调相比，鸡爪槭丰富的季相变化带给陵园一些欢快，仿佛中山先生的家国情怀，既有天下为公的担当，又有家庭生活的其乐融融。树王本身树干分枝又与掌状叶裂相通，透射出奇特的乐趣。

鸡爪槭

学名 *Acer palmatum* Thunb.
别名 七角枫
科属 槭树科（Aceraceae）槭属（*Acer*）

形态特征

落叶小乔木，高5~8米。树皮平滑，深灰色。树冠伞形，枝条开张，细弱。小枝紫或淡紫绿色，老枝淡灰紫色。单叶对生，近圆形，薄纸质，掌状7~9深裂，裂深常为全叶片的1/3~1/2，基部心形，裂片卵状长椭圆形至披针形，先端尖，有细锐重锯齿，背面脉腋有白色簇毛。伞房花序径6~8毫米，萼片卵状披针形，暗红色；花瓣椭圆形或倒卵形，花瓣紫色；雄蕊较花瓣短，生于花盘内侧；子房无毛。果长1~2.5厘米，两翅开展成钝角；幼果紫红色，熟后褐黄色，果核球形，脉纹显著，两翅成钝角。花期5月，果期9~10月。

嫩叶

花

分布范围

产于山东、河南南部、江苏、浙江、安徽、江西、湖北、湖南、贵州等省份，生于海拔200~1200米的林边或疏林中。朝鲜和日本也有分布。

生态习性

鸡爪槭为弱喜光树种，较耐阴，多生于阴坡湿润山谷。夏季易遭日灼之害，在高大树木庇荫下长势良好。对二氧化硫和烟尘抗性较强。鸡爪槭抗寒性强，耐酸碱，较耐干旱，不耐水涝。生长速度中等偏慢。

幼果

树皮

主要用途

鸡爪槭是名贵的乡土观赏树种，观赏价值极高。除自身树形、叶形优美外，最引人注目的观赏特性是叶色富于季相变化。春季新叶黄中带绿，在阳光照射下，无论桃红柳绿，亦或粉墙黛瓦，都能与形状奇特的叶片相映成趣。夏季鸡爪槭叶片变得密实，树形从春日的疏枝转为浓荫，叶色转为深绿，给炎炎夏日带来一丝清凉。入秋后叶色转为鲜红，色艳如花，灿烂如霞。《花经》云："枫叶一经秋霜，杂盾常绿树中，与绿叶相衬，色彩明媚。秋色满林，大有铺锦列锈之致"，挺立在基调色绿色中的鸡爪槭，与红枫的艳红、羽毛枫的明黄等奇特色彩对比或调和，可创造出特殊的层次效果。进入冬季，凋零光秃的枝干呈棕褐色，轮廓分明，迎风傲雪，被衬托得更加飘逸多姿。

鸡爪槭植于山麓、池畔，以显其潇洒、婆娑的绰约风姿；配以山石，则具古雅之趣。另外，还可植于花坛中作主景树，植于园门两侧、建筑物角隅，装点环境；以盆栽用于室内装饰，也极为雅致。植于街头绿地林下，营造色彩斑斓，形成"万绿丛中一点红"的景观。

树木文化

我国鸡爪槭文化仿佛有一种神奇的力量，从古至今一直驱使着国人翻阅它、品味它。在2000余年的文化史中，鸡爪槭展示了三类实用价值，即药用、材用与观赏。与此同时，它还汇聚了多种民俗象征。作为观赏，鸡爪槭的文化底蕴追溯到西晋，潘岳《秋兴赋》有"庭

秋叶

果实

树槭以洒落兮"，唐朝诗人有"想彼槭矣，亦类其枫"。古往今来，鸡爪槭的自然与人文之美，备受人们青睐。文人墨客们不吝笔墨丹青，留下许多吟咏鸡爪槭的诗文，明朝唐寅诗云："我画蓝江水悠悠，爱晚亭上枫叶愁"；王戎人"风光常在树林中，季节轮回景不同。最喜枝繁鸡爪槭，秋冬醉美染深红"；岐阳子"霜摧冬苑花残处，斜照鸦枫叶正红"；"雪藏千万竹蜻蜓，誓染群山把客迎。个个已然身健矫，直等风来飞不停"。当代诗人清贫乐（笔名）赞美鸡爪槭："一片通红染暖冬，行人驻步赏娇容。玲珑小巧翩翩舞，姿色几分奇妙浓"；诗人苏洪波" 霜摧冬苑花残处，斜照鸦枫叶正红"。鸡爪槭在当代栽培更为广泛。在南京栖霞山，每到深秋，铺天盖地的红叶层林尽染，红得通透、热烈而张扬。如天际间晚霞流丹，落照灵秀的山峦。如火如荼的鸡爪槭，在纷繁驳杂的色彩的衬托下，更显其蓬勃旺盛的生命力，与红枫、枫香等树种一起，成就了被称为金陵四十八景之一的"栖霞丹枫"，也为栖霞山增添了独特的人文魅力。漫步于壮观的红叶海洋中，令无数游人流连驻足、如痴如醉。

鸡爪槭花语是热忱、激情奔放、坚毅，也寓意矢志不移、忠贞不二的爱情。

保护现状

世界自然保护联盟濒危物种红色名录（IUCN 红色名录）：易危（VU）。

百木汇成林　树王聚金陵

金陵树王

南酸枣

南酸枣树王位于南京市玄武区明孝陵升仙桥西边（N 32°03′35″、E 118°50′04″）。胸径 73 厘米，树高 22 米，冠幅 22 米，枝下高 6 米；树龄约 95 年，健康状况良好。南酸枣果可食，入药生食加工均可。奈何树高入云，只待秋高观陵时，恰逢果熟蒂落，可尝其酸甜美味，或将果核作念珠把玩，美作仙人雅兴。

南酸枣

学名 *Choerospondias axillaris* (Roxb.) B. L. Burtt & A. W. Hill.

别名 山枣、山桉果、五眼果、鼻涕果、花心木、醋酸果、棉麻树

科属 漆树科（Anacardiaceae）南酸枣属（*Choerospondias*）

形态特征

落叶高大乔木，高 8~30 米，胸径可达 1 米。树干挺直，树皮灰褐色，片状剥落。小枝粗壮，暗紫褐色，无毛，具皮孔。奇数羽状复叶互生，小叶对生，窄长卵形或窄，先端长渐尖，基部宽楔形。花单性或杂性异株，雄花和假两性花组成圆锥花序淡紫红色，雌花单生上部叶腋内；萼片 5，被微柔毛；花瓣 5，长圆形，长 2.5~3 厘米，外卷；雄蕊 10，与花瓣等长；花盘 10 裂，无毛；子房 5 室，每室 1 胚珠，花柱离生。果成熟时黄色，椭圆状球形，长 2.5~3 厘米，中果皮肉质浆状，果核长 2~2.5 厘米，径 1.2~1.5 厘米，顶端具 5 小孔。种子无胚乳。花期 4 月，果期 8~10 月。

树皮

羽状复叶

种子

果实

分布范围

分布于我国西南、两广（广西、广东）至华东等省份，生于海拔 300~2000 米的山坡、丘陵或沟谷林中。印度、中南半岛和日本也有分布。

生态习性

喜光树种，略耐阴；喜温暖湿润气候，不耐寒，能耐轻霜。对热量的要求范围较广，从热带至中亚热带均能生长。适生于深厚肥沃而排水良好的酸性或中性土壤，不耐涝。浅根性，萌芽力强，生长迅速。

主要用途

南酸枣花、叶、果均可供观赏。羽状复叶轻盈飘逸，雌花和雄花在形态和颜色上不同，与绿色的树叶形成鲜明的对比，且叶色季相变化明显。果实成熟时为黄褐色，十分诱人。整个树体高大、主干通直、枝叶茂盛、秋叶金黄，外形美观，具有生长快、萌芽力强、抗污染、适应性强特点，是城市理想的庭荫树和行道树，适宜在各类园林绿地中孤植或丛植。

花

优良的速生用材树种。木材结构略粗，心材宽，白色至浅红褐色，花纹美观，刨面光滑，材质柔韧，收缩率小，木材易加工，且木材特耐水湿及耐腐，是上等的家具用材。果实甜酸，富含植物黄酮、天然果胶、维生素 C、有机酸等多种有益成分，可生食、酿酒和加工酸枣糕；果核可作活性炭原料，树叶可作绿肥，树皮和叶可提栲胶，茎皮纤维可作绳索。树皮和果入药，有消炎解毒、行气活血、养心安神、消食、解毒、醒酒、杀虫、止血止痛的功效，外用可治大面积水烫、火烧伤。

树木文化

8000多年前，我国古人就已开始食用南酸枣，并将其果实大量储存起来。在中华民族文化发祥地之一河姆渡遗址中就发现有南酸枣树生长，在距今5000年的良渚古城遗址，考古人员发现良渚人餐盘中有南酸枣等植物种，证明南酸枣已被良渚人纳入了食谱。南酸枣有着非常深刻的文化底蕴。古往今来，南酸枣备受人们青睐。

南酸枣自古以来就象征着“五福临门”。由于其果核顶端具有五个小孔，形似五个眼睛，将其首尾贯穿打洞制成佛珠，寓意着“五眼六通”。许多信佛的人通常都会多行善事，期望能达到“五眼六通”的境界。这种境界也是人“善根”的表现，在当今社会受到许多人的推崇。于是果核还被冠以“菩提子”的雅名，将它佩戴在手腕上，不但美观好看，更增添文化气韵，表达对通达智慧的不懈追求。

保护现状

世界自然保护联盟濒危物种红色名录（IUCN红色名录）：未予评估（NE）。

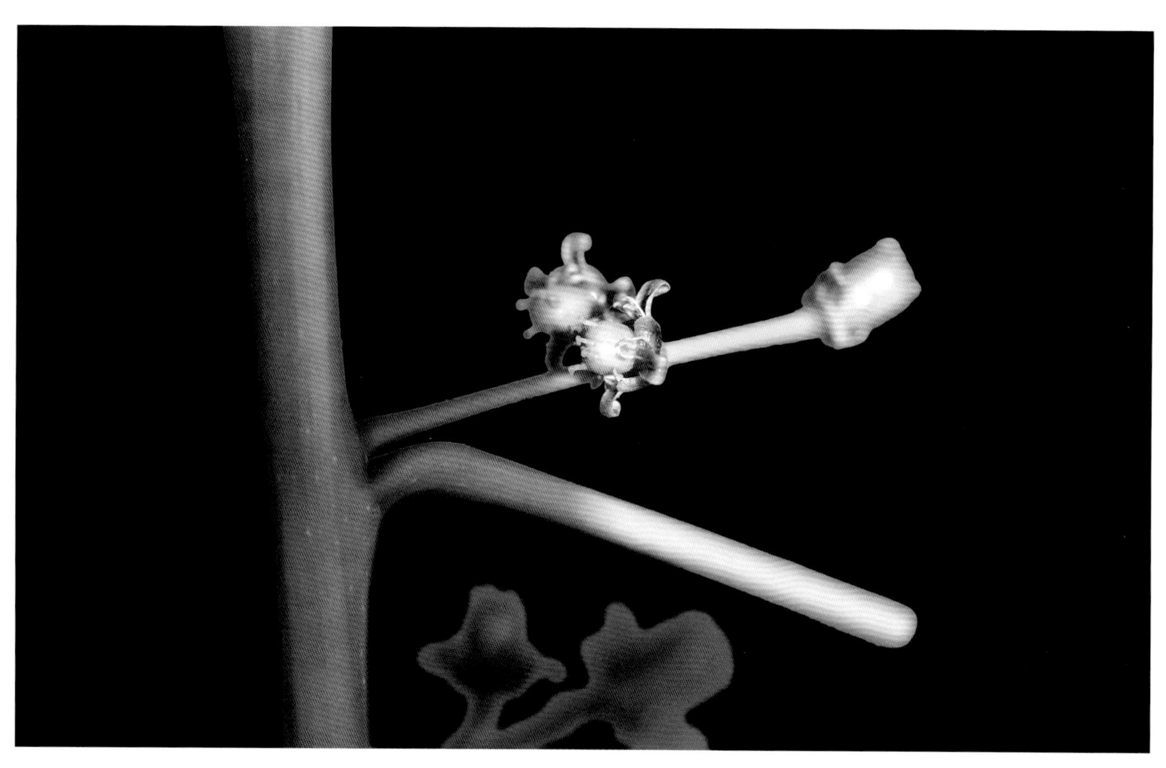

花枝

百木汇成林　树王聚金陵

金陵树王

黄连木

黄连木树王位于南京市六合区竹镇镇送驾社区（N 32°33′21″、E 118°36′26″）。胸径 133 厘米，树高 17 米，冠幅 18 米，枝下高 2.3 米；树龄 300 年，健康状况良好。黄连木树王犹如送嫁的母亲，久久站立村头遥望女儿远嫁而不舍离去，树王见证世界上最伟大的母爱！

黄连木

学名 *Pistacia chinensis* Bunge

别名 楷木、黄连树、黄连茶、岩拐角、凉茶树、茶树、药树、药木、鸡冠果、烂心木、鸡冠木、黄儿茶、田苗树、木蓼树、黄连芽、木黄连

科属 槭树科（Anacardiaceae）黄连木属（*Pistacia*）

形态特征

落叶乔木，高达 20 余米。树干扭曲，树皮暗褐色，呈鳞片状剥落。幼枝灰棕色，具细小皮孔，疏被微柔毛或近无毛。偶数羽状复叶互生，有小叶 5~6 对，叶轴具条纹，被微柔毛，叶柄上面平，被微柔毛；小叶对生或近对生，纸质，披针形或卵状披针形或线状披针形，长 5~10 厘米，宽 1.5~2.5 厘米，先端渐尖或长渐尖，基部偏斜，全缘，两面沿中脉和侧脉被卷曲微柔毛或近无毛，侧脉和细脉两面凸起；小叶柄长 1~2 毫米。花单性异株，先花后叶，圆锥花序腋生，雄花序排列紧密，长 6~7 厘米，雌花序排列疏松；花小，花梗长约 1 毫米。核果倒卵状球形，略压扁，径约 5 毫米，成熟时紫红色，干后具纵向细条纹，先端细尖。

树王

秋叶

果实

树皮

分布范围

产于长江以南各省份及华北、西北，生于海拔 140~3550 米的石山林中。菲律宾亦有分布。

生态习性

喜光，幼时耐阴；喜温暖，畏严寒；在肥沃、湿润而排水良好的石灰岩山地生长良好。对二氧化硫和煤烟有较强抗性，可作防治大气污染的树种和环境监测树种。

主要用途

黄连木是多用途树种，可食用、药用、油用、材用和观赏。种子出油率高、油品好，精制后可供食用，其渣粕含有蛋白质和大量粗纤维，是优良的动物饲料。鲜叶芳香油含量为 0.12%，可作保健食品、添加剂和香熏剂等；其嫩叶有香味，可作茶饮，清凉爽口，还可作菜蔬腌食。花粉量大、蜜含量高，是重要的蜜源植物。材质坚硬致密，耐腐力强，钉着力强，是建筑、家具、车辆、农具、雕刻、居室装饰的优质用材。

黄连木观赏价值高。树冠浑圆，枝叶繁茂，树姿优雅而秀丽。早春时节先花后叶，紫红色、淡绿色的雌雄花絮十分优雅惬意；春季嫩叶呈红色，迎风招展，姿态优雅；秋季深红或橙黄的叶子随风摇曳；冬季寒枝楚楚，与风雪同舞，整株植物高雅清新，给人以赏心悦目的美感。落叶后，整树挂满红色或蓝紫色果实，观赏价值极高。黄连木是城市及风景区的优良绿化树种，宜作庭荫树、行道树及观赏风景树，也常作“四旁”绿化及低山区造林树种。植于草坪、坡地、山谷或山石、亭阁之旁，片林等无不相宜，充分表现其树体、树形、树叶、花果之美。

花

秋叶

树木文化

黄连木在我国古代称之为“楷”，种植历史较为久远，最早可以追溯到2500年前。至今，全国各地古树众多。古树不言，静静挺立，守护着一方水土，静候着晨昏变化，它们在几百年的风霜雨雪中顽强屹立，粗壮的枝干、虬龙般的树根，百年如一日地记载着历史更迭与文化变迁，在一个个口口相传的故事中扮演着自己的角色。南朝文学家任昉《述异记》记载“鲁曲阜孔子墓上，时多楷木”。唐朝段成式《酉阳杂俎》载“孔子墓上，特多楷木”。东汉《说文解字》直接将“楷”解释为“楷，木也，孔子冢盖树之者”。至晚东汉时期，世人已将“楷”认定为孔子墓树。刚直挺拔的黄连木，象征孔子品德高尚，可作万世之楷模。明朝邵宝诗云“楷木天然理最端，孔林千古挺高寒。谁将规作扶衰杖，合与周模一样看”，诗人从楷木形象中提炼出孤挺高寒的人文性格。诗人也用“楷”指代孔子思想。乾隆帝诗“桧师楷弟何相似”，把桧柏、楷木拟人，尊桧为师、以楷为弟，因两树品性皆孤挺高寒，帝王视其为师友。古人也用黄连木制笏，寓意臣子正直忠诚、直言敢谏。孔子门人子贡为黄连木雕创始人，他用黄连木雕刻的其师孔子、师母的两尊圆雕坐像，已成千古传世之宝，现存于孔子博物院。如今黄连木雕已成为尊贵、高雅、吉祥、和谐的象征。

“楷杷花发天欲雪，黄雀不飞枝上寒”，黄连木树姿挺拔优美，孤植、列植、丛植均可。植于学校，以楷木的文化属性开展“润物细无声”的思想教化；植于机关，借楷木“质直不屈”传达为人正直、办事公道的精神品格，借“楷模”之义激励人们争当楷模先进；植于庭院，借楷木“文质彬彬”比喻内外兼修、文质兼备的君子，传达刚正、修身、自律的文化内涵；借楷木在园林中的应用引发人们对人生观、价值观、道德观的探索和感悟。

保护现状

世界自然保护联盟濒危物种红色名录（IUCN红色名录）：无危（LC）。

百木汇成林　树王聚金陵

金陵树王

桂花

桂花树王位于南京市玄武区灵谷寺景区（N 32°03′28″、E 118°51′42″）。地径 80 厘米，树高 6 米，冠幅 10 米；树龄 150 年，健康状况良好，享有“金陵桂花王”的美誉。桂花王为‘波叶金桂’（*Osmanthus fragrans* ‘Boyejingui’）品种，树冠球形，新梢紫红色，转绿时间较迟。叶片倒卵形至倒卵状椭圆形，叶表面亮绿色；先端渐尖；叶缘明显呈波状起伏，全缘；每节叶腋内有花芽 2~3 对，每芽有花 5~9 朵。花金黄色至柠檬黄色，花冠直径 7~9 毫米；花冠裂片细长，明显内扣；雌蕊退化，花后不结实。仲秋时节，金桂怒放，月圆之夜，品茶饮酒食花糕，陈香扑鼻，令人神清气爽，以“桂”而聚，早已成为踏访灵谷寺的缘由。

桂花

学名 *Osmanthus fragrans* (Thunb.) Loureiro
别名 木犀、刺桂、桂、彩桂、仙友、金粟
科属 木犀科（Oleaceae）木犀属（*fragrans*）

形态特征

常绿乔木或灌木，高3~5米，最高可达18米。树皮灰褐色。小枝黄褐色，无毛。叶片革质，椭圆形、长椭圆形或椭圆状披针形，长7~14.5厘米，宽2.6~4.5厘米，先端渐尖，叶柄长0.8~1.2厘米，最长可达15厘米，无毛。聚伞花序簇生于叶腋，或近于帚状，每腋内有花多朵；苞片宽卵形，质厚，长2~4毫米，具小尖头，无毛，花梗细弱，长4~10毫米，无毛；花芳香味或轻或浓；花冠黄白色、淡黄色、黄色或橘红色；雄蕊着生于花冠管中部，花丝极短，蕊长约1.5毫米，花柱长约0.5毫米。果为核果，歪斜，椭圆形，长1~1.5厘米，呈紫黑色。花期集中于9~10月上旬，果期翌年3~4月。

在园艺栽培上，按其花色和开花时期分为黄色至金黄色的金桂品种群、白色至黄白色的银桂品种群、橙色至红色的丹桂品种群、浅黄到深黄都有的四季桂品种群。

果

分布范围

我国西南部、两广（广西、广东）、华中、陕南、江西、安徽、河南等地均有野生种群，在各地广为栽培，在秦岭、淮河以南地区均可露地越冬。

花

叶

生态习性

喜温暖湿润的气候，抗逆性强，既能耐高温，也较耐寒。湿度对桂花的生长发育极为重要，要求年平均湿度为75%~85%，特别是幼龄期和开花期间对水分需求较多，如遇干旱将影响开花。桂花喜湿润，但忌积水，对土壤要求不严，除碱性和低洼或过于黏重、排水不畅的土壤外，一般均可生长。

主要用途

桂花树四季常绿，枝繁叶茂，秋季开花，芳香四溢，花香怡人，可谓“独占三秋压群芳”，是我国传统十大花卉之一，有2500多年栽培历史。桂花花香“清可绝尘，浓能溢远”，花瓣中富含营养成分，具有较高的食用和药用价值，能美白肌肤、消炎杀菌、保护肠胃。在南方，桂花飘香季节，村民习惯收集桂花，与白糖一起熬制，用于制作美味的桂花甜点，如桂花糖藕、桂花糕、桂花汤圆、桂花糖芋、桂花饼、桂花栗子酥等，米酒中添加桂花更是释放出特殊的香味。

桂花在园林中应用普遍，常作园景树，孤植、对植，也有成丛成片栽种。在我国古典园林中，桂花常与建筑物、山、石相配，以丛生灌木型的植株植于亭、台、楼、阁附近。旧式庭院常用对植，古称“双桂当庭”或“双桂留芳”。在住宅“四旁”或窗前栽植桂花树，能起到“金风送香”的效果。在校园也多种植桂花，取“蟾宫折桂”之意。桂花对有害气体二氧化硫、氟化氢有一定的抗性，也是工矿区绿化的好花木。

花

树木文化

桂花精致而典雅，芳香馥郁，自古颇受人们喜爱。在春秋战国时期的《山海经》和屈原的《九歌》中均有提及。“吴刚伐桂”的神话故事在民间也广为流传。汉朝以后，桂花成为名贵花卉与贡品，多被献给王公贵族。桂花的民间栽植始于宋朝，到了明朝则昌盛起来，随后传往欧洲各国。在唐朝，柳宗元从湖南省衡阳移桂花十多株栽植到永州；白居易为杭州、苏州刺史时，将杭州的桂花移栽到苏州。桂花盛开时，枝丫间一团团、一簇簇的小花美丽而不张扬，独具一格。桂花飘香，香飘十里，随风浮动，经久不散。文人常常作诗吟咏桂花，如杨万里的“不是人间种，移从月中来。广寒香一点，吹得满山开”。刘禹锡的“莫羡三春桃与李，桂花成实向秋荣”，苏轼的“江云漠漠桂花湿，海雨翛翛荔子然”，还有李清照的“何须浅碧深红色，自是花中第一流”，清人张云敖的绝句《品桂》写到“西湖八月足清游，何处香通鼻观幽？满觉陇旁金粟遍，天风吹堕万山秋”，上述诗句皆为歌颂桂花而作，但亦有触景伤怀的代表，如唐朝王建《十五夜望月》中写道：“中庭地白树栖鸦，冷露无声湿桂花。今夜月明人尽望，不知秋思落谁家”，冷气袭人的秋夜，桂花被露水打湿，诗境悠远而凄清，表达了诗人蕴藉深沉的思乡之情。桂花静美而灵动，折射出诗人们丰富的情感世界。

桂花颜色素雅高贵，清爽利落，清新脱俗，象征着崇高、吉祥、美好与忠贞。我国古人常以“折桂”寓意仕途得志、飞黄腾达、拔萃翰林。

桂花是武汉、苏州、六安等城市的市花，每逢桂花盛开，都会开办桂花展览会，游客们蜂拥而至、驻足流连，无不为桂花而倾倒。

保护现状

世界自然保护联盟濒危物种红色名录（IUCN 红色名录）：无危（LC）。

百木汇成林　树王聚金陵

金陵树王

女贞

女贞树王位于南京市玄武区总统府雨花石馆（N 32°02′48″、E 118°47′30″）。胸径 79 厘米，树高 12 米，冠幅 8.7 米，枝下高 2.9 米；树龄 115 年，健康状况一般。总统府雨花石馆属煦园一部分，煦园被誉为“四朝胜迹”。煦园是典型的江南园林，明朝初年为汉王府花园，以汉王朱高煦名中的“煦”字而得名；清朝为两江总督署花园；太平天国建天朝宫殿时予以扩建为“西花园”；清军破城时被毁，曾国藩予以重建；1912 年 1 月 1 日，孙中山于煦园暖阁宣誓就任临时大总统，其办公室和起居室就在煦园内；1927 年 4 月国民政府成立后，国民革命军总司令部、军委会以及总统府军务局等机构都曾在园中办公。煦园历经四朝修建，花木工匠必将细思考究甄选优质花木植入造园，或“园主”点名栽植，蕴含其他意境则不得而知，但以女贞优良的观赏价值和浓厚的文化价值，栽于园中、呵护成长怕是两方面的原因均有，然女贞树王依然健壮，足可以与园景相配。

女贞

学名 *Ligustrum lucidum* Ait.

别名 青蜡树（江苏）、大叶蜡树（江西）
白蜡树（广西）、蜡树（湖南）

科属 木犀科（Oleaceae）女贞属（*Ligustrum*）

形态特征

常绿大灌木或小乔木，高可达10余米。树皮灰褐色。枝黄褐色、灰色或紫红色，圆柱形，疏生圆形或长圆形皮孔。叶片革质，卵形、长卵形或椭圆形至宽椭圆形，长6~17厘米，宽3~8厘米，先端锐尖至渐尖或钝，基部圆形或近圆形，有时宽楔形或渐狭，叶缘平坦，上面光亮，两面无毛；叶柄长1~3厘米。圆锥花序顶生，长8~20厘米，宽8~25厘米；花序轴及分枝轴无毛，紫色或黄棕色，果实具棱；果肾形或近肾形，长7~10毫米，径4~6毫米，深蓝黑色，成熟时呈红黑色，被白粉；果梗长0~5毫米。花期5~7月，果期7月至翌年5月。

果实

分布范围

原产我国，广泛分布于长江流域及以南地区，华北、西北地区也有栽培。朝鲜也有分布，印度、尼泊尔有栽培。

树王

树皮

生态习性

喜温暖湿润气候，喜光耐阴，能耐 -12℃的低温，耐水湿，深根性树种，须根发达，生长快，萌芽力强，耐修剪，但不耐瘠薄。对二氧化硫、氯气、氟化氢均有较强抗性，也能忍受较高的粉尘、烟尘污染，对剧毒的汞蒸气反应相当敏感，一旦受熏，叶、茎、花冠、花梗和幼蕾便会变成棕色或黑色，严重时会掉叶、掉蕾。对土壤要求不严，以砂质壤土或黏质壤土栽培为宜，在红壤、黄壤土中也能生长。种子以鸟传播为主，入侵性极强。

主要用途

女贞四季婆娑，枝干扶疏，枝叶茂密，树形整齐，是园林中常用的观赏树种，可于庭院中孤植或丛植，亦作为行道树。因其适应性强，生长快又耐修剪，也用作高篱和造型树。其播种繁殖育苗容易，还可作为砧木，嫁接繁殖桂花、丁香等。

女贞种子一般常用于治疗头晕目眩、耳鸣目暗、腰膝酸痛、内热、须发早白等病症。《神农本草经》中将女贞子列为上品，认为其可“安五脏，养精神，除百疾，久服肥健轻身不老”。

树木文化

女贞在我国的栽培历史已有几千年，文化内涵丰富。晋朝诗人苏彦《女贞颂》序云：“女贞之木，一名冬生，负霜葱翠，振柯凌风。而贞女慕其名，或树之于云堂，或植之于阶庭”。李时珍的《本草纲目》描述女贞树姿容秉性，曰：“此木凌冬青翠，有贞守之操，故

圆锥花序

以贞女状之”，女贞姿态美丽，经冬不改其翠色，凌霜而傲然挺立，常受到清高之士、贞洁女子的钦佩，故有此名。人们赋予女贞树贞洁、忠烈的精神品格，把女贞作为道德模范的象征。明朝浙江都司徐司马推崇女贞的美德，曾下令杭州城居民在门前遍植女贞树。女贞在我国古代乃至近现代文学中都经常被提及。文人以女贞树明志，不仅赞美女贞树的外形，也褒扬其气节。明朝诗人张羽的《杂言诗》里写道：“青青女贞树，霜霰不改柯。托根一失所，罹此霖潦多”。清朝举子沈涛称赞女贞树不畏严寒，写道：“女贞凌严冬，艳不数桃李”。近现代著名学者王国维写道：“女贞花白草迷离，江南梅雨时。阴阴帘幙万家垂，穿帘双燕飞”。女贞花开时正值江南梅雨、草长莺飞，朴素淡雅的女贞花与葱绿的草木相映成趣、美不胜收。

女贞的花语是永远不变的爱；寓意生命、活力。

保护现状

世界自然保护联盟濒危物种红色名录（IUCN 红色名录）：无危（LC）。

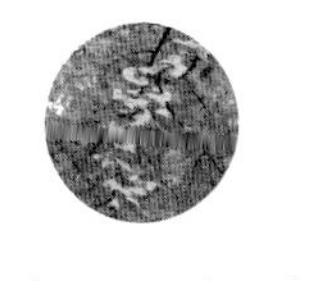

百木汇成林　树王聚金陵

金陵树王

楸

楸树王位于南京市玄武区明孝陵四方城北竹林中（N 32°03′30″、E 118°50′03″）。胸径 79 厘米，树高 19.5 米，冠幅 10.8 米；树龄 114 年，健康状况良好。明孝陵陵中古木参天，但四月花开时节，唯有紫如华盖的楸树王最为靓丽，竟比得其他树木略显暗淡，美的任性，旁若无物。细观花部，花纹精致如兰，美的惬意；秋叶金黄，又诠释着季相之美。

楸

学名 *Catalpa bungei* C. A. Mey

别名 楸树、木王、梓桐、金丝楸、水桐

科属 紫葳科（Bignoniaceae）梓属（*Catalpa*）

形态特征

落叶乔木，高可达 30 米。树冠狭长倒卵形。树干通直，主枝开阔伸展。树皮灰褐色、浅纵裂。叶三角状卵形或卵状长圆形，长 6~15 厘米，宽达 8 厘米，顶端长渐尖，基部截形，阔楔形或心形，叶面深绿色，叶背无毛；叶柄长 2~8 厘米。顶生伞房状总状花序，有花 2~12 朵，花冠淡红色，内面具有 2 黄色条纹及暗紫色斑点，长 3~3.5 厘米。蒴果线形，长 25~45 厘米，宽约 6 毫米。种子狭长椭圆形，长约 1 厘米，宽约 2 厘米，两端生长毛。自花不孕，往往开花而不结实。花期 5~6 月，果期 6~10 月。

树王

花

花

叶

分布范围

原产我国，主要分布于河北、河南、山东、山西、陕西、甘肃、江苏、浙江、湖南等省份。

生态习性

喜光，稍耐寒，不耐旱，稍耐盐碱，萌蘖性强，侧根发达。对二氧化硫、氯气等有害气体有较强的抗性。对土壤水分很敏感，不耐干旱，也不耐水湿，在积水低洼和地下水位过高的地方生长不良；适生于年平均气温10~15℃、年降水量700~1200毫米的地区。

主要用途

楸树树姿俊秀，高大挺拔，枝繁叶茂，花多盖冠，其花形若钟，红斑点缀白色花冠，如雪似火，每至花期，繁花满枝，随风摇曳，令人赏心悦目，观赏价值极高，自古人们就把楸树作为观赏树种，广植于皇宫、庭院、刹寺庙宇、胜景名园之中。树干通直，木材坚硬，绝缘性能好，且耐水湿、耐腐、不易虫蛀，易加工，是良好的建筑用材。叶、皮、种子均为中草药，有收敛止血、祛湿止痛的功效。嫩叶、花均可食用。明朝鲍山《野菜博录》中记载："食法，采花炸熟，油盐调食。或晒干、炸食、炒食皆可"。也可作饲料，宋朝苏轼《格致粗谈》记述："桐梓二树，花叶饲猪，立即肥大，且易养"。

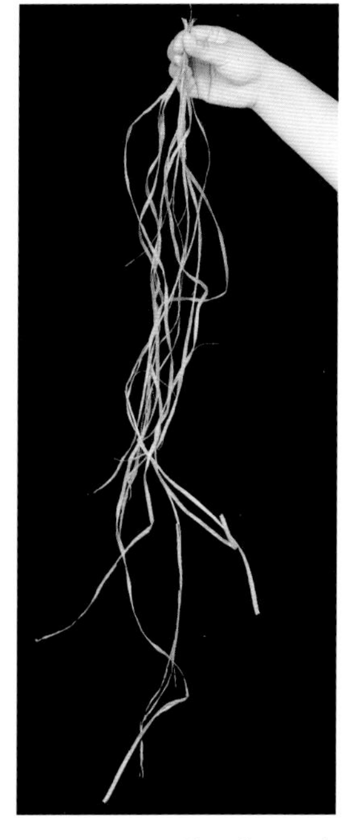
线形蒴果果皮

树木文化

楸树树姿俊秀，高大挺拔，枝繁叶茂，被视为"百木之王"。楸树在我国栽培历史悠久，与人们的生产生活息息相关。在北京的故宫、北海、颐和园、大觉寺等游览胜地和名寺古刹到处可见百年以上的古楸树苍劲挺拔的风姿。民间有"千年柏，万年杉，不如楸树一枝丫"的谚语。众多古籍对其赞颂不已。《埤雅》载："楸，美木也，茎干乔耸凌云，高华可爱"；《汉书》曰："淮北荥南河济之间，千树楸与

树王

千户侯等”；任昉《述异记》曰：“吴中有陆家白莲种，顾家班竹，赵有韩氏酸枣，中山有楸户”。唐朝韩愈在庭院种植楸树，诗云：“几岁生成为大树？一朝缠绕困长藤。谁人与脱青罗帐，看吐高花万万层”。又有诗曰：“庭楸止五株，共生十步间”。杜甫在诗中写道：“楸树馨香倚钓矶，斩新花蕊未应飞。不如醉里风吹尽，可忍醒时雨打稀”“未将梅蕊惊愁眼，要取楸花媚远天”，既赞扬楸树开花的馨香，又欣赏其明媚的风姿。诗人苏轼在诗中感叹楸树花开暮春，时光易逝：“楸树高花欲插天，暖风迟日共茫然。落英满地君方见，惆怅春光又一年”。楸树在 4 月开花，满树灿烂的紫红色花朵，清新脱俗。道家认为有“紫气东来”的寓意，故视楸树为道家“仙木”。

楸树享有“木王”“黄金树”的美誉，寓意着美好的爱情、吉祥、好运。

保护现状

世界自然保护联盟濒危物种红色名录（IUCN 红色名录）：无危（LC）。

参考文献

步瑞兰，2015. 桑文化与桑的药用 [J]. 山东中医杂志，34（6）：465–466.

查茜，姜卫兵，翁忙玲，2010. 黄连木的园林特性及其开发利用 [J]. 江西农业大学学报，22（09）：52–59.

陈凤洁，樊宝敏，2012. 银杏文化历史变迁述评 [J]. 北京林业大学学报（社会科学版），11（2）：28–33.

陈凤洁，樊宝敏，2013. 佛教对银杏文化的影响 [J]. 世界林业研究，26（6）：10–14.

陈光鉴 . 刘文岩，2021. 咏物诗词中的议论抒情——以李清照《鹧鸪天·桂花》为例 [J]. 语文月刊（01）：89–90.

陈红岩，崔志浩，2009. 诗话紫薇 [J]. 生命世界（07）：66–69.

丁杰，2022. 论中国古代墓植松柏习俗及其丧葬文化内涵 [J]. 北京林业大学学报（社会科学版），21（2）：39–46.

杜晓华，2012. 古诗词里的“桂花”[J]. 初中生之友，（25）：32–33.

樊敏，2020. 枫香树文化研究 [J]. 贵州民族研究，41（9）：83–87.

甘恬静，2015. 紫薇的文化内涵及在园林中的应用 [J]. 安徽农学通报，21（16）：109–110.

耿丽，2020. 徽州古村落树木文化特征研究 [D]. 合肥：安徽农业大学 .

何明，2017. 中国的梅花文化探微 [J]. 广西社会科学，270（12）：180–183.

黄稚，2019. 紫藤属植物的文化内涵及在风景园林上的应用 [J]. 南方园艺，30（2）：36–39.

纪永贵，2010. 樟树意象的文化象征 [J]. 阅江学刊，2（01）：130–137.

姜楠南，房义福，徐金光，2020. 儒家文化视角下的楷木研究 [J]. 山东林业科，50（4）：6.

李莉，2004. 中国松柏文化初论 [J]. 北京业大学学报（社会科学版），3（1）：16–21.

李升科，丁绍刚，张常乐，2011. 紫藤的文化意蕴及其在风景园林中的应用 [J]. 安徽农业大学学报，39（13）：7898–7899.

李月，刘青，毕武，等，2021. 黄连木茶的应用历史与现代研究进展 [J]. 中国现代中药，23（5）：909–917.

廖寅，2018. 忠义之魂长存：宋六陵冬青树文化意义之演进 [J]. 绍兴文理学院学报，38（5）：97–102.

林华，李凤，李乐，等，2021. 香樟文化及其在温州城市绿地中的应用研究 [J]. 绿色科技，23（5）：3.

林晓民，王少先，高文，2016. 中国树木文化 [M]. 北京：中国农业出版社 .

刘巍巍，2021. 唐宋诗文中“松柏”意象的审美情结研究 [J]. 文学研究，8：23–24.

刘伟龙，2004. 中国桂花文化研究 [D]. 南京：南京林业大学 .

刘秀丽，张启翔，2009. 中国玉兰花文化及其园林应用浅析 [J]. 北京林业大学学报，8（3）：54–58 .

刘彦明，2021. 赏析女贞之美 [J]. 河北林业（12）：32–33.

刘宗衍，2014. 酸酸甜甜的南酸枣糕来了 [J]. 江西农业（10）：11.

吕金海，2019. 榆树的植物文化内涵及其在怀化市园林应用研究 [J]. 现代园艺（2）：119–120.

马超，宋魁生，桑景拴，2013. 柳树的文化内涵及园林绿化应用 [J]. 中国园艺文摘（8）：133–134.

马巾，2019. 意象背后的抑压 ——浅谈《雪松》中的五意象 [J]. 牡丹（2Z）：3.

缪钺，2010. 宋诗鉴赏辞典 [M]. 上海：上海辞书出版社 .

曲春林，2009. 紫薇花的文化品格与艺术表现 [J]. 电影文学（12）：133–134.

王杭婕，戚雨薇，张鑫宇，等，2021. 皂荚本草考证 [J]. 临床医学研究与实践，6（14）：188–191.

王慧，2021. 枫香染与“枫香冉 [J]. 贵州民族报：11–12.

王晓燕，2021. 中国传统文化中的“松柏情结 [J]. 赤峰学院学报（哲学社会科学版），42（9）：19–23.

王艺菲，2021. 浅谈中国古代文学中松柏题材与意象 [J]. 戏剧之家，20：178–179.

魏宏灿，1999.《陌上桑》文化原型新探 [J]. 济宁师专学报，20（1）：45–48.

魏积华，2005. 柳树在古典诗词中蕴含的意境 [J]. 语文周刊（2）：54–56.

向诤，2020. 苏州园林玉兰文化 [J]. 艺苑：94–95.

萧涤非，马茂元，程千帆，等，1983. 唐诗鉴赏辞典 [M]. 上海：上海辞书出版社

臧德奎，马燕，向其柏，2011. 桂花的文化意蕴及其在苏州古典园林中的应用 [J]. 中国园林，27（10）：66–69.

张强，1997. 桑文化研究及理论思考 [J]. 淮阴师专学报，75（2）：56–60.

张志永，毕超，杨晓晖，等，2017. 中国古代榆树文化的基本内涵 [J]. 中国城市林业，15（4）：46–50.

赵帝，2015. 宋词中的梅文化研究 [D]. 桂林：广西师范大学 .

赵强民，赵珊珊，王永振，等，2014. 玉兰的美丽 [J]. 广东园林（3）：48–51.

赵天羽，2017. 传统文化中柳树的民俗审美 [D]. 南京：南京农业大学学报 .

中国科学院中国植物志编辑委员会，2004. 中国植物志 [M]. 北京：科学出版社 .